银行等金融机构高管枕边书

TAMING
THE BLACK SWAN

金融安全
系列专著

驯化黑天鹅

——重尾性操作风险的度量精度与管理参数研究

莫建明　高　翔○著

西南财经大学出版社
Southwestern University of Finance & Economics Press
中国·成都

图书在版编目(CIP)数据

驯化黑天鹅:重尾性操作风险的度量精度与管理参数研究/莫建明,高翔
著 . 一成都:西南财经大学出版社,2016.11
ISBN 978 - 7 - 5504 - 2628 - 3

Ⅰ.①驯…　Ⅱ.①莫…②高…　Ⅲ.①度量—精度管理—研究
Ⅳ.①O174.12

中国版本图书馆 CIP 数据核字(2016)第 207138 号

驯化黑天鹅:重尾性操作风险的度量精度与管理参数研究
XUNHUA HEITIANE:ZHONGWEIXING CAOZUO FENGXIAN DE DULIANG JINGDU YU GUANLI CANSHU YANJIU

莫建明　高　翔　著

策划编辑:何春梅
责任编辑:张明星
助理编辑:廖　韧
封面设计:何东琳设计工作室
责任印制:封俊川

出版发行	西南财经大学出版社(四川省成都市光华村街 55 号)
网　　址	http://www.bookcj.com
电子邮件	bookcj@foxmail.com
邮政编码	610074
电　　话	028 - 87353785　87352368
照　　排	四川胜翔数码印务设计有限公司
印　　刷	四川五洲彩印有限责任公司
成品尺寸	170mm × 240mm
印　　张	10
字　　数	160 千字
版　　次	2016 年 11 月第 1 版
印　　次	2016 年 11 月第 1 次印刷
书　　号	ISBN 978 - 7 - 5504 - 2628 - 3
定　　价	58.00 元

前　言

　　18世纪之前，欧洲人坚信天鹅都是白色的，从没有人质疑过为什么天鹅不会有其他的颜色。但自从黑天鹅首次在澳大利亚被发现，并由英国博物学家约翰·莱瑟姆于1790年将该物种介绍给全世界后，这一基于有限经验和顽固信念的常识就被彻底打破了。野生的黑天鹅并无固定的自然栖息地，它们会根据气候变化做无规则的迁徙。但随着人们对其生活习性和喂养方法的逐渐了解，黑天鹅的命运也于19世纪初走向了两个极端：野生的黑天鹅被作为禽肉，曾一度在新西兰被狩猎到几近灭绝，而驯化后的黑天鹅则被列为观赏鸟类引入到了世界各国的动物园中。

　　黑天鹅从"不存在"到被发现的故事有着深刻的寓意，即每个领域都有可能普遍存在着罕有发生但却影响深远，事前难以预测但事后又可解释、可掌控的标志性事件。黑天鹅从野生到被猎杀或驯化的故事则有着另外一番意味，即只要能准确地理解这些重大稀有事件，人们是有能力对该类事件进行有效监控和管理的。

　　在金融史上，黑天鹅事件更是屡见不鲜，通常会引起金融市场的连锁负面反应，导致整个经济体进入经济衰退状态，甚至在全世界范围内造成深远的影响。从统计学的角度来说，黑天鹅事件是一个随机变量，它的分布函数具有尾部厚重的特性，即该类事件一般很少发生，但是一旦发生将导致灾难性的损失。比如，1929年纽交所"黑色星期二"、1973年中东石油危机、1987年美国"黑色星期一"股灾、1997年亚洲金融风暴、2007年次贷危机、2011年欧洲国家债务泥潭等。虽然经济学家在事后完美地解释了这些金融危机发生的机理，监管机构也在事后制订了相应的预防性政策，但下一次的黑天鹅事件还是会以新的形态再次出现。既然无法逃过黑天鹅的左右，那么我们如何找到各色天鹅的共性，并尝试去认识和驯化它们呢？

本书以黑天鹅事件在金融界的典型体现——操作风险事件——为例，从学术角度探讨了极端事件的精准识别和度量精度问题，并进一步发现了哪些因素会对黑天鹅事件的监控和管理产生决定性的影响。

在没有对银行和其他金融机构造成灾难性破坏前，操作风险一直未能得到金融实践者和监管当局的重视，其直接后果便是一系列严重操作风险事件的爆发，例如，1995 年的巴林银行和日本大和银行魔鬼交易员事件、2008 年的法国兴业银行股指期货产品巨亏、2004 年经济损失高达 11.25 亿元的山西"7·28"特大金融诈骗案、2013 年光大证券"乌龙指"事件等。纵观国际和国内形势，操作风险度量与管理的技术和手段远滞后于风险形势的演变，操作风险已经构成了金融机构生存和发展的最致命威胁，对其实施有效管理已经成为当前一个非常重要而紧迫的任务。

实际上，操作风险是一种很古老的风险，伴随金融机构的建立而产生，是金融机构业务活动与操作所产生的副产品，是金融机构为获得收益或降低运营成本而有意承担的风险。操作风险是与金融机构业务活动密不可分的一种风险，只要存在着业务活动，必然会产生操作风险。最初，由于金融机构业务活动相对简单，产品也不是很复杂，操作风险没有对金融机构形成太大威胁，因此，没有引起金融机构和监管当局的重视和关注。但是，随着业务活动的日益复杂和各种衍生金融工具的广泛应用，操作风险也变得越来越大。同时，随着化解市场风险与信用风险的综合性产品的日益复杂，风险测量技术也变得日益复杂，这使一部分市场风险和信用风险转化为操作风险。在当今时代，操作风险已经成为金融机构的重大威胁。

操作风险导致的损失强度一般可分为三类：一般损失、巨大损失和极端损失。其中发生频率最高的是一般损失，其次是巨大损失，极端损失发生得极少。但对银行及其他金融机构影响最大的却是极端损失，其次是巨大损失。对于低频低危的操作风险事件金融机构一般只会在事后采取危机处理，对于高频低危的操作风险事件金融机构主要通过内部控制来预防，而金融机构几乎不可能在高频高危操作风险状态下生存，因此，对银行及其他金融机构的威胁主要来自低频高强度损失的操作风险事件，该类事件也因此成了巴塞尔协议监管的主要对象。

本书通过对已有操作风险研究文献的梳理发现，低频高强度损失的操作风险事件的损失强度具有显著的重尾性分布特征。极值模型法是度量重尾性风险的最佳方法。而目前在业界中，损失分布法是操作风险的主要度量方法。因此，本书将极值模型法和损失分布法结合起来，研究了重尾性操作风险的度量精度与管理问题。首先，本书分析了重尾性操作风险度量偏差的影响因素；其次，本书以相关实证研究为基础，分别在两类极值模型（BMM 类模型和 GPD 类模型）中选择典型的重尾分布即 Weibull（威布尔）分布和 Pareto（帕累托）分布，作为操作损失强度分布假设，从理论上探讨了高置信度下重尾性操作风险的度量精度和关键管理参数，并进行了示例分析；最后，本书提出了一种操作损失强度分布模型的选择方法。通过以上研究，得到如下创新性结论：

（1）本书系统探讨了度量偏差的影响因素，发现该偏差的存在具有客观性。影响因素主要有两个方面：一是样本异质性。在内外部损失样本共享数据库中，不仅存在损失门槛差异，而且存在机构内外部环境等差异而导致的样本异质性，从而导致度量偏差。二是度量中存在分布模型外推问题。操作损失样本量稀少，导致在高置信度下度量操作风险时，存在分布模型外推问题。这使度量结果产生不确定性。以上两方面因素使度量偏差不可忽视。

（2）鉴于重尾性操作风险的度量结果在客观上存在偏差，第三章进一步探讨了度量精度。在损失分布法下，操作风险价值的置信区间长度表征操作风险的度量精度。通过对该度量精度的系统研究，得出如下结论：①重尾性操作风险度量精度灵敏度的变动仅与形状参数和频数参数有关。以弹性分析方法，通过对不确定性传递系数灵敏度及其变动的理论研究发现，引起不确定性传递系数灵敏度变动的参数仅为形状参数和频数参数，与尺度参数无关，这表明在其他条件不变的情况下，重尾性操作风险度量精度的变动仅与形状参数和频数参数有关。②以本章建立的理论模型，可判别度量精度的关键影响参数。随特征参数变动，不仅度量精度会变动，而且其关键影响参数也将变化。示例分析验证了该理论模型的有效性。

（3）从度量的角度判别出对操作风险影响程度最大的特征参数，并作为关键管理参数，将度量模型与管理模型联系在一起，使两模型的整合成为可能，而且可据此建立操作风险动态管理系统。

（4）综合第三章和第四章的研究结论可知，随特征参数变化，操作风险价值及其度量精度都同时变化。据此，提出监管资本提取方式的改进建议：在监管资本置信区间的下限提取监管资本，从置信下限到置信上限，配置以无风险资产。由此使被监管机构在资本配置上具有一定灵活性。

（5）本书在第五章提出了损失强度分布选择的一种方法，即以操作风险管理系统灵敏度最大为标准进行选择。

目　录

1 绪论

1.1 引言

操作风险是一种很古老的风险，随金融机构建立而产生，是金融机构业务活动与操作所产生的副产品，是金融机构为获得收益而有意承担的风险。操作风险是与金融机构业务活动密不可分的一种风险，只要存在着业务活动，必然会产生操作风险。最初，由于金融机构业务活动相对简单，产品也不是很复杂，操作风险没有对金融机构形成太大威胁，因此，没有引起金融机构和监管当局的重视和关注。但是，随着业务活动的日益复杂和各种衍生金融工具的广泛应用，操作风险变得越来越大。同时，随着化解市场风险与信用风险的综合性产品的日益复杂，风险测量技术也变得日益复杂，这使一部分市场风险和信用风险转化为操作风险。因此，在当今时代，操作风险已经成为金融机构的重大威胁。

1.1.1 国际背景

在没有对银行和其他金融机构造成灾难性破坏前，操作风险一直未能得到金融界的重视，其直接后果是导致一系列操作风险事件的爆发。如：1995 年，巴林银行（英国）交易员私自进行日经指数交易失败并隐瞒事实，累计造成损失 9.27 亿英镑，导致巴林银行破产；1995 年，大和银行（日本）交易员非法进行美国国债交易失败并掩盖事实，造成这一事件的原因是职责不明，据推测大和银行遭受的损失在 11 亿美元以上；1997 年，国民威斯敏斯特银行（英国）交易员违规操纵账户以隐瞒互换期权交易失败的事实，导致 7 700 万英镑的损失；2002 年，爱尔兰联合银行（爱尔兰）交易员用虚假交易隐瞒外汇交易失败的事实，造成的损失额据公布约为 7.5 亿美元；2004 年，澳大利亚国民银行员工进行越权外汇交易，制造大量虚假交易，致使银行损失 3.6 亿澳元；2005 年，瑞穗银行旗下公司（日本）重大操作失误，致使银行损失 300 亿日元；2008 年，法国兴业银行（法国）因旗下一名交易员私下越权投资金融衍生品，损失金额为 49 亿欧元（约合 71.6 亿美元）；等等。诸多操作风险事件的频发，表明操作风险已经对银行和其他金融机构构成了巨大威胁，因此，业界和理论界对操作风险产生了广泛关注。

操作风险事件的上升趋势已难以逆转。操作风险事件频发与近年来银行和其他金融机构业务活动的日益复杂密不可分。第一，大量高新技术已经渗透到金融的各个领域，极大地提高了银行金融服务效率，但同时也使业务活动变得复杂，管理难度相应增大。如，电子商务的应用可能引起包括外部欺诈在内的系统安全性问题；高科技交易系统的应用将人工操作所带来的风险转变为影响范围更广的系统性风险。第二，信用风险和市场风险管理技术迅速发展，缓释或化解了信用风险和市场风险，却使之转变为操作风险。风险测量技术和产品设计的复杂化，使缓释或化解市场风险与信用风险的综合性产品与实施方法被广泛应用。它们提高了风险管理和控制水平，同时却强化了业务线的复杂性，增大了金融机构管理的难度。第三，金融服务的全球化发展，跨国金融交易和服务使业务线变得复杂，管理难度越来越大。不仅交易系统复杂，而且面临不同的社会制度和法律制度，使金融机构的操作风险暴露大大增加。因此，操作风险正以不同方式、不同程度影响着金融机构的所有产品线，带来的操作损失越来越巨大，这是所有银行和其他金融机构不能回避的现实问题。操作风险日益成为银行和其他金融机构面对的重要风险。

面对新的经济金融环境，巴塞尔委员会意识到操作风险已经成为金融机构的最致命威胁。由于 1988 年颁布的《巴塞尔协议》仅将信用风险和市场风险纳入监管体系，已经不能适应目前新形势下的金融风险现状。因此，对巴塞尔协议进行修订势在必行。基于此，2004 年 6 月，巴塞尔委员会颁布了新巴塞尔协议。

1.1.2 国内背景

长期以来，银监会的工作重点主要放在不良资产的监管上，信用风险成为银行风险管理的重点。这导致我国银行业对操作风险的认识、管理、防范控制几乎还处于初级阶段，采取的相关措施也仅限于传统的柜面操作风险控制、内部管理、内部控制和"三防一保"工作。

这种状况导致我国长期以来操作风险事件频发。如：1993 年 8 月 17 日，上海证券交易所在交易过程中因控制卫星发射系统的电脑主机板烧坏，行情信息中断近一个小时，致使北京及全国部分地区证券公司的交易受到影响，损失无法估计；1997 年 6 月，福州市商业银行（原福州城市合作银行）马江支行原行长贺冬玉向合作银行拆借 7 000 万元，擅自决定将其中的 3 690 万元拆借资金挪给 4 家私有公司使用及马江支行自购股票；1998 年 5 月，原中国银行南海支行丹灶办事处信贷员谢炳峰、储蓄员麦容辉共同贪污公款 5 250 万元后潜逃，案发后，原告方追回赃款 3 311 万余元，检察机关扣押并追回 588 万元，但尚有 972 万元未能追回；2002 年 1 月 6 日，中国银行巴黎第九区分行总值 40 多万欧元的欧元现钞和法郎现金被盗，盗贼破坏了分行相关通信线路，导致中国银行巴黎第九区分行和十三区支行的互联网中断，以致两处分支机构无法正常营业；2004 年山西"7·28"特大金融诈骗案经济损失高达 11.25 亿元；2005 年中行一支行长携款六亿外逃；2006 年 4 月 20 日，系统故障造成中国银联成立 4 年来首次全国性跨行交易中断 8 小时；等等。我国操作风险事件的频发表明操作风险已成为我国银行业面临的主要风险之一。

目前，我国商业银行改革进入攻坚阶段，涉案金额巨大的恶性金融犯罪案件频发给我国操作风险管理敲响了警钟，使监管部门以及各商业银行感到操作风险的度量与管理成为当前最为紧迫的任务。

从表面现象上看，这种风险仅仅与成本相联系，但本质上它是金融机构为获得利润而主动承担业务活动的风险。信用风险和市场风险度量得越准确，操作风险对利润的影响将显现得越明显。因此，纵观上述国际和国内事件可知，操作风险度量与管理的技术与手段远滞后于风险形势的演变，操作风险已经构成了金融机构生存和发展的最致命威胁，对其进行有效管理已经成为当前一个非常重要而紧迫的任务。操作风险的明确界定是度量的前提，而准确度量是有效管理的基础。基于此，本书将对操作风险的度量精度与管理问题进行深入研究。

1.2　操作风险概念界定

对度量对象的清楚界定，是度量的开始。迄今为止，金融界对操作风险概念的界定仍不完全一致，这主要是由操作风险的复杂性所导致。目前国际上关于操作风险的概念主要有两类：广义概念、狭义概念。

操作风险的广义概念[1]：市场风险和信用风险以外的所有风险都被视为操作风险。这是操作风险的最初定义，该定义的优势在于涵盖了一切其他风险中不包含的所有剩余风险。但其不足之处也很明显：其一，该定义很模糊，没有针对性。由该定义出发的风险度量方法只能是自上而下法，这类方法的度量精度不高，风险敏感性很低，从而无法系统指导操作风险管理。其二，采用这种定义有一个前提，即对信用风险和市场风险的界定已经很明确，能很清楚地将这两种风险和操作风险区别开来。但实际上，导致操作风险的直接因素和间接因素较多，也较复杂。在很多情况下，欲对操作风险和信用风险、市场风险进行明确的区分很困难。

操作风险的狭义概念[2]：只有在金融机构中与业务部门的产品线相关的风险才是操作风险，即由控制、系统以及营运中的错误或疏忽而带来潜在损失的风险，而声誉、法律、人力资源等方面的风险被排除在操作风险之外。该定义将每个后台部门的管理重点集中到他们所面临的主要风险中，使操作风险管理对象变得非常明确，能够提高管理的有效性。但是，这种定义没有将在以上分类之外的细分操作风险纳入管理，遗漏掉的风险将得不到有效管理，而诸如法律风险等类型的操作风险给金融机构带来的潜在损失非常巨大，甚至会形成致命威胁。

鉴于操作风险的广义概念和狭义概念都存在缺陷，为便于操作风险监管，巴塞尔委员会在关注操作风险的开始，就一直致力于寻求一个操作风险的恰当界定。2003年的CP3中巴塞尔委员会将操作风险定义为：由于不完善或失灵的内部程序、人员和系统，或外部事件导致损失的风险。该定义是立足于应用的角度给出的，因此，很多国际金融机构在此基础上根据自身具体情况进行修改后，提出了各自的操作风险定义，具有代表性的如下：

英国银行家协会（BBA）将操作风险定义为：由于内部程序、人员、系统的不完善或者失误以及外部事件导致的直接或间接损失的风险。该定义是根据人的因素、内部流程、系统和外部事件等操作风险产生的四个主要来源对操作风险进行的界定。该定义系统、直观、容易掌握，便于汇总分析，有利于操作风险的辨识。

全球风险专业人员协会（GARP）将操作风险界定为：与业务操作相联系的风险，由操作失败风险和操作战略风险两个部分组成。操作失败风险是业务操作过程中发生失败而导致损失的风险；操作战略风险则是由诸如相关政治制度、监管制度等外部环境变化，以及诸如开拓新业务领域、业务流程重组等机构自身发展战略变化导致损失的风险。

通过不断实践和研究，2004年6月，巴塞尔委员会颁布了新巴塞尔协议[3]，将操作风险定义为：由不完善或有问题的内部程序、人员及系统或外部事件所造成损失的风险，包括法律风险，但不包括策略风险和声誉风险。对操作风险进行上述界定的理由主要在于：首先，银行在经营活动过程中会经常性地涉及法律问题，因法律问题导致的损失可通过严格管理而得到降低或避免。若管理法律问题的制度出现缺陷，可能导致危及银行安全的重大损失，因此，应将法律风险纳入操作风险。其次，策略风险是银行为提高盈利能力所应承担的风险。银行为实现利润主动承担了相关的商业、信用和市场风险，是银行自身正常商业行为。操作风险产生的原因主要是制度缺陷所导致的犯罪行为等，应区别于策略风险。尽管该风险可能对银行造成重大影响，但不能包含在操作风险中。最后，声誉风险的界定和度量很困难，所以也被排除在外。该定义从操作风险的起因和来源出发来界定操作风险，主要有两方面目的：

一是建立统一的度量框架，为自下而上度量方法的应用奠定基础。由于从导致操作风险的原因出发来进行界定，从而使自下而上法的应用成为可能。在自下而上法中，高级计量法风险敏感性高，度量较准确，且能更好地为操作风险管理提供有价值的可靠依据。在新巴塞尔协议中，鼓励各银行开发各自的高级计量法，仅在原则上规定了使用高级计量法的定性和定量标准，不规定用于操作风险计量和计算监管资本所需的具体方法和统计分布假设。这为银行独立开发符合各自情况的高级计量法提供了便利。

二是为建立操作损失数据的收集体系奠定理论基础。其意义在于：其一，操作损失数据是高级计量法度量操作风险的基础。从该概念出发，可清晰地对操作损失数据进行分类。基于此，新巴塞尔协议明确地将银行业务分为8条产品线，在每一条产品线中，1级目录细分为2级目录，且进一步细分为业务群组；每一条产品线有7类操作损失，在每一损失类型中，1级目录细分为2级目录，且进一步细分为3级目录。其二，为操作风险管理文化和风险控制体系的建立奠定基础。操作损失数据产生于产品线，因此，损失数据的收集需要全员参与，这要求在银行内部创造一个良好的操作风险管理文化。同时，操作损失数据收集体系实际上形成了操作风险控制体系。

新巴塞尔协议给出的操作风险概念是建立在实用主义基础上的，也存在某些缺陷。新巴塞尔协议对操作风险的内涵和外延都进行了非常明确的界定，但是，事实上操作风险产生的原因、所导致事件的表现形式以及后果都很复杂。而且，操作风险与信用风险、市场风险的界限在某些情况下很难明确，只有通过操作风险监管规定和管理部门以裁决方式解决。因此，新巴塞尔协议给出的定义会有不完美之处。尽管如此，该定义是在综合考虑操作风险度量与管理等诸多因素的基础上，经业界和理论界多年研究后给出的，可操作性强。因此，在新巴塞尔协议中对该定义进行明确，对操作风险的度量与监管具有重大意义。本书的研究将以新巴塞尔协议给出的操作风险定义为基础进行展开。

1.3　操作风险度量的基本方法

如何合理准确地度量操作风险，进而管理操作风险就成为银行的当务之急。一般地，操作风险度量方法主要有两个大类：自上而下法和自下而上法。

自上而下法是在假设对银行内部操作风险状况不了解，将其作为一个黑箱，对其市值、收入、成本等变量进行分析，然后计算操作风险大小。这类方法主要包括：CAPM 模型、基本指标法、波动率模型等。这类方法对数据要求不高，所得结果准确性也不高。

自下而上法则是在对银行各条产品线的操作损失状况有深入研究后，对每条产品线中的每一操作损失类型都分别进行度量，最终将所有的度量结果合成为整个银行总的操作风险。这类方法主要包括：损失分布法、内部衡量法、记分卡法、因果模型法、Delta 法、极值模型以及 Bayesian 网络模型等。这类方法要求有完善的操作损失事件记录，所得结果比自上而下法准确。

在新巴塞尔协议中，按照银行风险管理水平由低到高以及对操作风险认识的逐渐提升，可依次使用基本指标法、标准化方法以及高级计量法度量操作风险。这三种方法的复杂性和风险敏感度依次递增。度量方法越高级，需要的损失事件信息越多；相应地，操作风险度量结果越准确。下面对这三种度量方法分别进行介绍。

1.3.1　基本指标法

基本指标法（Basic Indicator Approach，BIA）是最初级的度量方法。采用基本指标法的银行持有的操作风险资本应等于前三年总收入的平均值乘以一个固定比例（用 α 表示）。监管资本计算公式如下：

$$K_{BIA} = GI \times \alpha$$

式中，K_{BIA} 表示基本指标法所需资本；GI 表示前三年总收入的平均值；α = 15%，由巴塞尔委员会设定，将行业范围的监管资本要求与行业范围的指标联系起来。

其中，总收入定义为：净利息收入加上非利息收入。这种计算方法旨在：①反映所有准备（例如，未付利息的准备）的总额；②不包括银行账户上出售证券实现的利润（或损失）；③不包括特殊项目以及保险收入。

基本指标法假设操作风险仅与收入大小有关，没有将不同产品线类型的特性纳入模型，这必然导致度量结果的偏差。这种方法忽略了金融机构自身的风险特征，风险敏感性很差。该方法是新巴塞尔协议确定的金融机构在操作风险度量的初始阶段中使用的度量方法。

1.3.2 标准法

鉴于基本指标法是一种很粗略的度量方法，没有考虑到因产品线特征不同而导致的操作风险差异，因此，新巴塞尔协议在对基本指标法进行改进的基础上进一步提出了标准法（Standardized Approach，SA）。

在标准法中，银行业务分为 8 条产品线：公司金融（corporate finance）、交易和销售（trading & sales）、零售银行业务（retail banking）、商业银行业务（commercial banking）、支付和清算（payment & settlement）、代理服务（agency services）、资产管理（asset management）和零售经纪（retail brokerage）。计算各产品线资本要求的方法是：各条产品线总收入乘以该产品线适用的系数（用 β 值表示）。将各产品线监管资本简单加总得到总监管资本，其计算公式如下：

$$K_{SA} = \sum \left(GI_{1-8} \times \beta_{1-8} \right)$$

式中，K_{SA} 表示用标准法计算的资本要求；GI_{1-8} 表示 8 条产品线中各产品线过去三年的年均总收入；β_{1-8} 表示由委员会设定的固定百分数，建立 8 条产品线中各产品线的总收入与资本要求之间的联系。各条产品线的 β 值详见下表：

表 1-1 　　　　　　　　　不同产品线的 β 系数

产品线	公司金融（β_1）	交易和销售（β_2）	零售银行业务（β_3）	商业银行业务（β_4）	支付和清算（β_5）	代理服务（β_6）	资产管理（β_7）	零售经纪（β_8）
β 系数	18%	18%	12%	15%	18%	15%	12%	12%

和基本指标法相比较，标准法主要在两方面进行了改进：一是分别按各条产品线计算总收入，而非在整个机构层面计算，例如，公司金融指标采用的是公司金融业务产生的总收入。在各条产品线中，总收入是广义指标，代表各条产品线的业务经营规模，因此，大致代表各产品线的操作风险暴露。二是各条产品线的 β 值的设定考虑到因产品线特性不同而导致的操作风险大小的差异。β 值代表行业在特定产品线的操作风险损失经验值与该产品线总收入之间的关系，由表 1-1 可看出，不同产品线的 β 值存在差异。

基本指标法和标准法都假设操作风险仅与收入大小有关，且是一种简单的线性关系，这显然是有缺陷的。Shih 和 Samad-Khan 等（2000）[4] 研究发现操作损失强度与总收入间存在非线性关系，而且总收入仅能解释 5% 的损失强度，95% 的损失强度主要与产品线类型、管理质量以及环境控制的有效性等有关。因此，这两种方法的度量结果都存在很大偏差。

1.3.3 高级计量法

为了能够更加准确度量操作风险，新巴塞尔协议进一步提出了高级计量法（Advanced Measurement Approaches，AMA）。该方法规定银行在符合新巴塞尔协议规定的定量标准和定性标准的条件下，可以通过内部操作风险计量系统计算监管资本。监管当局要求使用高级计量法应获得监管当局的批准，且详细规定了使用高级计量法的资格标准、定性标准以及定量标准。下面分别对此进行介绍。

1.3.3.1 资格标准

新巴塞尔协议首先给出了能够应用高级计量法度量监管资本的资格标准，主要有三项要求：第一，银行董事会和高级管理层积极参与操作风险管理框架的管理；第二，银行的风险管理系统概念稳健，执行正确有效；第三，有充足的资源支持在主要产品线和控制及审计领域内采用该方法。

银行用高级计量法计算监管资本之前，在该银行实施高级计量法初始的一段时间内，监管当局有权对其进行监测。在监测期内，监管当局将确定该方法是否可信和适当。银行的内部计量系统必须在基于内部和外部相关损失数据、情景分析、银行特定业务环境和内部控制等综合情况的基础上，合理地度量非预期损失。银行的计量系统必须能提供改进业务操作风险管理的激励，以支持在各产品线中分配操作风险的经济资本。

在具备资格标准的前提下，银行欲应用高级计量法度量监管资本，还必须符合定性标准和定量标准。

1.3.3.2　定性标准

新协议对定性标准的规定主要有六个方面：

（1）银行必须具备独立的操作风险管理岗位，用于设计和实施银行的操作风险管理框架。操作风险管理功能用于：制定银行一级的操作风险管理和控制政策、程序；设计并实施银行的操作风险计量方法；设计并实施操作风险报告系统；开发识别、计量、监测、控制/缓释操作风险的策略。

（2）银行必须将操作风险评估系统整合入银行的日常风险管理流程。评估结果必须成为银行操作风险轮廓监测和控制流程的有机组成部分。如，这类信息必须在风险报告、管理报告、内部资本分配和风险分析中发挥重要作用。银行必须在全行范围内具备对主要产品线分配操作风险资本的技术，并采取激励手段鼓励改进操作风险管理。

（3）必须定期向业务管理层、高级管理层和董事会报告操作风险暴露和损失情况。银行必须制定流程，规定如何针对管理报告中反映的信息采取适当行动。

（4）银行的操作风险管理系统必须文件齐备。银行必须有日常程序，确保此系统符合操作风险管理系统内部政策、控制和流程等文件的规定，且应规定如何对不符合规定的情况进行处理。

（5）银行的操作风险管理流程和计量系统必须定期接受内部和/或外部审计师的审查。这些审查必须涵盖业务部门的活动和操作风险管理岗位情况。

（6）外部审计师和/或监管当局对银行操作风险计量系统的验证必须包括：核实内部验证程序运转正常；确保风险计量系统的数据流和流程透明且使用方便。在认为有必要并在适当的程序下，审计人员和监管当局要能轻易获得系统的规格和参数信息。

1.3.3.3　定量标准

新协议对定量标准的规定主要有五个方面：

（1）鉴于操作风险计量方法处于不断演进之中，委员会不规定用于操作风险计量和计算监管资本所需的具体方法和统计分布假设。但银行必须表明所采用的方法考虑到了潜在较严重的概率分布"尾部"损失事件。无论采用哪种方法，银行必须表明，操作风险计量方式符合与信用风险 IRB 法相当的稳健标准（例如，相当于 IRB 法，持有期 1 年，99.9% 置信区间）。

巴塞尔委员会认为，高级计量法稳健标准赋予银行在开发操作风险计量和管理方面很大的灵活性。但银行在开发系统的过程中，必须有操作风险模型开发和模型独立验证的严格程序。

（2）任何操作风险内部计量系统必须与委员会规定的操作风险范围和损失事件类型一致。

（3）监管当局要求银行通过加总预期损失（EL）和非预期损失（UL）得出监管资本要求，除非银行表明在内部业务实践中足以准确计算出预期损失。即，若要仅基于非预期损失得出最低监管资本，银行必须说服所在国监管当局，表明自己已计算并包括了预期损失。

（4）银行的风险计量系统必须足够"分散"（granular），将影响损失分布尾部形态的主要操作风险因素考虑在内。

（5）在计算最低监管资本要求时，应将不同操作风险估计的计量结果加总。只要银行表明其系统能在估计各项操作风险损失之间相关系数方面计算准确、实施合理有效、考虑到了此类相关性估计的不确定性（尤其是在压力情形出现时），且高度可信，并符合监管当局要求，监管当局就允许银行在计算操作风险损失时，使用内部确定的相关系数。银行必须验证其相关性假设。

任何风险计量系统必须具备某些关键要素，以符合监管当局的稳健标准。这些要素包括内部数据的使用，相关的外部数据，情景分析（scenario analysis）和反映银行经营环境和内部控制系统情况的其他因素。银行需要在总体操作风险计量系统中拥有一个可信、透明、文件齐备且可验证的流程，以确定各基本要素的相关重要程度。该方法应在内部保持一致并避免对定性评估或风险缓释工具的重复计算。

由于新巴塞尔协议鼓励各金融机构发展自己的高级计量法，该类方法成为业界和理论界研究的热点。以下将对目前在业界获得广泛应用且具有代表性的一种高级计量方法，即损失分布法进行系统介绍。

1.4 损失分布法综述

损失分布法（the Loss Distribution Approach；LDA）源自保险精算模型[5]。2001 年，巴塞尔委员会咨询文件[6]提出了应用损失分布法度量操作风险的基本思想，认为损失分布法是指，在操作损失事件的损失频率和损失强度的有关假设基础上，对产品线/损失事件类型矩阵中的每一类操作损失的损失频率分布和损失强度分布分别进行估计，并复合成复合分布，从而计算出某一时期一定置信度 α 下，该类型操作损失复合分布的操作风险价值[7]［the Operational VaR，$OpVaR(\alpha)$］的方法。进一步，Frachot（2001）[8]对在损失分布法应用于操作风险度量时所存在的理论问题进行了系统研究。下面简单介绍损失分布法的基本原理。

新巴塞尔协议将银行产品线 i 分为 8 条，每条产品线下有 7 类损失事件 j，因此，产品线与损失类型进行组合 (i, j) 后形成 56 个操作损失类型。某一组合 (i, j) 的操作损失为：

$$S(i, j) = X_1 + X_2 + \cdots + X_N$$

式中：N 表示第 i 条产品线与第 j 类风险组合 (i, j) 的操作风险在特定时期 t 内的损失频数；X 表示损失强度；$S(i, j)$ 表示该产品线在特定时期 t 内总损失金额。

一般，操作损失频数分布 $p_t(\cdot)$ 可能为 Poisson 分布或者负二项分布；操作损失强度分布 $F(\cdot)$ 为连续分布，可能为：对数正态分布、Weibull 分布、广义 Pareto 分布等。

在损失分布法下，银行根据每一组合 (i, j) 的损失样本，估计出损失强度分布 $F(\cdot)$ 和损失频数分布 $p_t(\cdot)$，复合为该组合 (i, j) 的总量分布 $G_t(x)$：

$$G_t(x) = \begin{cases} \sum_{n=1}^{n} p_t(n) F^{*n}(x) & x > 0 \\ p_t(0) & x = 0 \end{cases} \qquad (1-1)$$

式中，x 表示损失强度；n 表示损失频数；t 表示操作风险度量的目标期间；$F^{*n}(\cdot)$ 表示损失强度分布函数的卷积。

根据（1-1）式，预期损失 $EL(i,\ j)$ 为：

$$EL(i,\ j) = \int_0^\infty x dG_t(x)$$

在置信度 α 下，非预期损失 $UL(i,\ j,\ \alpha)$ 为：

$$UL(i,\ j,\ \alpha) = G_t^{-1}(\alpha) - EL(i,\ j) = \inf\{x \mid G_t(x) \geqslant \alpha\} - \int_0^\infty x dG_t(x)$$

如果银行表明在内部业务实践中足以准确计算出预期损失，且说服所在国监管当局，自己已计算并包括了预期损失，那么监管资本可仅以非预期损失计提：

$$CaR(i,\ j,\ \alpha) = UL(i,\ j,\ \alpha)$$

否则，银行必须通过加总预期损失（EL）和非预期损失（UL）得出监管资本，即：

$$CaR(i,\ j,\ \alpha) = EL(i,\ j) + UL(i,\ j,\ \alpha) = G_t^{-1}(\alpha)$$

若银行能够详细说明各组合间相关性，则可根据有关公式计算考虑相关性后的监管资本总量。否则，须直接加总所有组合 $(i,\ j)$ 的监管资本，作为银行监管资本总量。

从巴塞尔委员会 2004 年的调查报告[9] 看，损失分布法是业界用于操作风险度量的主要方法。实际上，从操作风险引起关注开始，该方法就成为理论界研究的热点之一。以下从三个方面对损失分布法进行介绍。

1.4.1　操作损失数据样本

损失分布法依赖于金融机构内部损失样本数据来把握其特有的操作风险特征。每一机构的每一操作风险类型都有其独特的风险特征，这些特征来自于与该类风险关联的产品类型和内部控制机制、外部管理环境的特性。这些特征对于每一机构而言，都有其独特性，度量其风险特征的最佳途径就是检查其实际发生的历史损失样本数据。这些历史损失数据反映了机构内在风险和控制机制互抵后的操作风险净额。因此，损失分布法的相关研究首先是从损失数据样本开始的，主要集中在以下几个方面：

（1）历史数据样本

操作损失数据样本首先是一种历史数据，是由金融机构历史上实际发生的操作损失事件经记录、整理而成。使用历史损失数据样本度量操作风险，是建立在一些假设（如历史是可以重演的等）基础上的。因此，麦克尔·哈本斯克（2003）[10-11]认为，在使用损失分布法度量操作风险时，须对这些假设进行研究和检验，理解结果对这些假设的敏感性。

首先，操作风险价值是在某一目标期间下来进行度量的，这意味着损失数据样本的收集存在某一时间间隔问题，时间间隔不同，度量结果也不同。由于金融机构实际上都在不断变化，因此，如果数据样本跨越的时间越长，意味着金融机构内部控制环境和外部环境变化越大，损失数据样本间的关联度越小；如果数据样本跨越时间太短，损失数据样本可能会很少。数据样本的时间跨度长短会影响度量结果的质量，这导致在实际情况下时间跨度让人难以抉择。目前，新巴塞尔协议建议的计量时间间隔为一年，在一年内大部分管理行动对金融机构操作风险状况的影响大致是一致的。

另外，安森尼·帕什（2003）[12]认为实际上可能有其他许多与实际风险有更高关联度的数据，但这些数据不是不实用就是获取的成本太高。在用历史数据度量操作风险时，要对历史数据进行修正，在建模时考虑金融机构内外部的变化。基于此，一种比较可行的办法是引入外部操作损失数据样本补充操作损失数据库，以提高度量准确性。

（2）内部损失样本和外部损失样本

鉴于使用历史样本度量操作风险存在的缺陷，新巴塞尔协议认为必须引入外部操作损失来补充内部损失样本的不足。内部损失数据是指金融机构自身发生的操作损失，反映了金融机构自身操作风险状况。外部损失数据是指其他金融机构发生的操作损失，反映了和该操作风险主体类似的其他金融机构操作风险状况，它与该操作风险主体有一定相关性，在筛选和处理后可补充该操作风险主体损失数据的不足。由于内外部损失样本在操作风险度量中的重要性，新巴塞尔协议对此进行了专门的详细规定，分别介绍如下[3]：

① 内部损失样本

对内部损失事件数据的跟踪记录，是开发出可信的操作风险计量系统并使其发挥作用的前提。为建立银行的风险评估与其实际损失之间的联系，内部损失数据十分重要。建立该联系有以下几种方式：一是将内部损失数据作为风险估计实证分析的基础；二是将其作为验证银行风险计量系统输入与输出变量的手段；三是将其作为实际损失与风险管理、控制决策之间的桥梁。

在内部损失数据与银行当前的业务活动、技术流程和风险管理程序之间的联系被清晰界定的情况下，其相关程度最高。因此，银行必须建立文件齐备的程序，以持续地评估历史损失数据的意义，包括在何种情况下采用主观的推翻（overrides）、规定放大倍数或其他调整措施，采用到何种程度以及谁有权做此决定。

在损失数据记录时间上，用于计算监管资本的内部操作风险计量方法，必须基于对内部损失数据至少5年的观测，无论内部损失数据直接用于损失计量还是用于验证。银行如果初次使用高级计量法，也可以使用3年内的历史数据（包括2006年老资本协议和新资本协议同时适用的1年）。

在内部损失数据的收集流程方面，必须符合以下标准：

a. 为有助于监管当局的验证，银行必须将内部损失历史数据按照新协议中监管当局规定的组别对应分类，并按监管当局要求随时提供这些数据。对向特定业务和事件类别分配损失应设立客观标准，并有文件说明。但对于内部操作风险计量系统中，这种按组别分类的做法应用到何种程度，则由银行自行决定。

b. 银行的内部损失数据必须综合全面，涵盖所有重要的业务活动，反映所有相应的子系统和地区的风险暴露情况。银行必须要证明，任何未包含在内的业务活动或风险暴露，无论是单个还是加总，都不会对总体风险估计结果产生重大影响。银行收集内部损失数据时必须设定适当的总损失底限（门槛），例如10 000欧元。

c. 除了收集总损失数额信息外，银行还应收集损失事件发生时间、总损失中收回部分等信息，以及致使损失事件发生的主要因素或起因的描述性信息。描述性信息的详细程度应与总的损失规模相称。

d. 如果损失是由某一中心控制部门（如信息技术部门）引起或由跨业务类别的活动及跨时期的事件引起，银行应确定如何分配损失的具体标准。

e. 如果操作风险损失与信用风险相关，在此之前已反映在银行的信用风险数据库中（如抵押品管理失败），则根据新协议的要求，在计算最低监管资本时应将其视为信用风险损失。因此，对此类损失不必计入操作风险资本。但是，银行应将所有的操作风险损失记录在内部操作风险数据库中，并与操作风险定义范围和损失事件类型保持一致。任何与信用风险有关的损失，应该在内部操作风险数据库中单独反映出来（如做标记）。

② 外部损失样本

银行的操作风险计量系统必须利用相关的外部数据（无论是公开数据还是行业集合数据），尤其是当有理由相信银行面临非经常性、潜在的严重损失时。外部数据应包含实际损失金额数据、发生损失事件的业务范围信息、损失事件的起因和情况或其他有助于评估其他银行损失事件相关性的信息。银行必须建立系统性的流程，以确定什么情况下必须使用外部数据，以及使用方法（例如，放大倍数、定性调整或告知情景分析的改进情况）。应定期对外部数据的使用条件和使用情况进行检查，修订有关文件并接受独立检查。

③ 情景分析

银行必须以外部数据配合专家的情景分析，求出严重风险事件下的风险暴露。采用这种方法合理评估可能发生的损失，要依赖有经验的业务经理和风险管理专家们的知识水平。例如，专家提出的评估结果可能成为假设的损失统计分布的参数。此外，应当采用情景分析来衡量，实际结果偏离银行的操作风险计量框架的相关性假设时，造成的影响有多大，特别是评估多项导致操作风险损失的事件同时发生的潜在损失。对这些评估结果应通过与实际损失的对比，随时进行验证和重新评估，以确保其合理性。

由新巴塞尔协议可知，操作损失历史样本数据主要来自两种渠道：内部损失样本数据和外部损失样本数据。为获知严重操作风险事件下的暴露，还须进行情景分析。以确保对金融机构操作风险状况的全面把握。新巴塞尔协议给出了上述规定，进一步规范和完善了损失分布法，使之更具科学性，保证了度量结果的准确性。

1.4.2 内外部损失样本共享问题

新巴塞尔协议规定，银行必须表明所采用的方法考虑到了潜在较严重的概率分布"尾部"损失事件。也就是说，监管资本必须覆盖被称为尾部事件的风险，即那些可能危及金融机构安全的低频高强度损失事件。由于这些事件很稀少，因此，即使机构已经收集了很多年的历史损失样本数据，也不敢断言已经有足够的损失数据来精确度量损失分布尾部形态。因此，金融机构只有使用外部损失样本数据，才能弥补内部损失样本数据在分布尾部的不足，也才能更好地刻画损失分布的尾部特征。

基于上述原因，金融机构必须以内外部共享损失样本数据库度量操作风险。一般地，金融机构所处的外部环境总是存在着差异，机构内部的程序、人员状况、系统也各不相同。金融机构内外部环境不同，操作损失发生的频率和强度不同，损失样本的分布也会不同，即金融机构的外部业务环境与内部管理环境决定了操作风险大小。当共享内外部环境不同的机构所发生的损失样本时，样本的异质性（heterogeneity）将影响度量的准确性。因此，操作风险度量研究最初关注的核心问题就是，内外部损失样本的异质性对度量的影响以及如何解决的问题。这种影响主要集中在两个方面：损失样本记录门槛（threshold）和除门槛外的其他因素：

（1）样本记录门槛导致的异质性

对于门槛的影响，现有文献主要从两种观点出发进行了探讨。

观点一，当内部损失没有门槛时，内外部损失样本的共享问题。如某些银行记录了所有发生的损失样本，即不设定样本门槛。Frachot 和 Roncalli（2002）[13]认为仅以内部样本度量操作风险，会导致结果偏低，因此，须以外部样本补充内部样本。基于此，该文献应用可靠性理论探讨了损失频数分布及其特征参数估计问题，且认为损失强度分布是由具有门槛的外部样本的条件分布与无门槛的内部样本分布两类分布混合而成的分布，以此为基础给出了监管资本计量模型。

观点二，当内外部损失样本都存在门槛时，内外部损失样本的共享问题。由于损失样本记录存在成本问题，因此，某些银行仅记录某一门槛以上的损失样本。对此，Baud 和 Frachot 等（2002）[14]对样本门槛进行了系统研究，认为内外部样本共享时可能有三种情况的门槛：已知常数、未知常数和随机变量。并给出在此三种情况下的损失分布及其特征参数的估计。Baud 和 Frachot 等

（2003）[15]认为内部样本和外部样本都存在门槛，若忽视这些门槛，将高估监管资本。为避免高估监管资本，须得到损失强度和损失频数的真实分布。进一步，该文献给出了不同门槛样本混合后，损失强度分布和损失频数分布及其特征参数的估计方法，并以实例分析了考虑门槛情况下和不考虑门槛情况下的监管资本度量，发现不考虑门槛情况下可能高估监管资本达50%以上。Frachot和Roncalli等（2004）[16]探讨了不同损失类型间的相关性问题。更进一步，Frachot和Moudoulaud等（2007）[17]在共享内外部样本条件下，探讨了相关性对合成总监管资本的影响，并探讨了特征参数以及监管资本估计的准确性问题。Aue和Kalkbrener（2007）[18]探讨了德意志银行的操作风险度量模型：基于损失分布法，将外部损失数据按照一定的权重引入内部损失数据库，以弥补内部损失数据的不足，且进行了情景分析。

（2）除门槛外的其他因素导致的样本异质性

除门槛外的其他因素导致了损失样本异质性，从而影响损失强度分布与损失频数分布。因此，共享内外部损失样本时，须分别在损失强度和损失频数两方面对样本进行同质性转换。相关研究也是在这两方面进行展开。

对于损失强度样本转换模型，Shih和Samad-Khan等（2000）[4]研究了操作损失强度与机构规模间的关系，发现损失强度和机构规模间存在非线性关系。在代表机构规模的三个变量（总收入、总资产和雇员数量）中，总收入与损失强度间相关性最强。但进一步研究发现，总收入仅能解释5%的损失强度，95%的损失强度主要与产品线类型、管理质量以及环境控制的有效性等有关。

随后，Hartung（2004）[19]进一步完善了上述模型，认为仅考虑收入对操作损失的影响不全面，应将影响损失的所有因素纳入模型，建立操作损失强度转换模型。Na（2004）[20]将操作损失强度细分为一般损失和特殊损失：一般损失捕捉到所有银行的所有一般性变化，比如宏观经济的、地理政治的以及文化环境等的变化；特殊损失捕捉业务线或损失事件的特性，从而得到不同机构操作损失强度的转换公式。进一步，Na和Miranda等（2005）[21]将上述思想扩展到内外部操作损失频数的转换模型中，并进行了统计分析。Na和Van（2006）[22]建立了操作损失频率转换的计量模型。

对于外部数据的适用性、相关性问题都存在争论。产生外部数据的标准产品线经常与本机构内部组织的结构不一致，这会带来度量偏差问题。Kalhoff和 Marcus（2004）[23]认为不同的文化和法律标准也会导致外部操作损失样本和内部损失样本的不匹配。引入过多的产业信息也会掩盖企业自身真实的风险。因此，外部损失样本的引入实际上也带来了度量的不确定性。

针对样本异质性问题，上述文献从不同角度提出各自的解决办法。但是，从另一个角度看，这些文献在提出解决办法的同时实际上也增加了度量的不确定性。

1.4.3 极值模型法在尾部风险度量中的应用

1.4.3.1 极值理论文献综述

极值模型主要有两类[24]：经典区组样本极大值模型（Block Maxima Method，BMM）和广义 Pareto 模型（Generalized Pareto distribution，GPD）。目前，操作风险尾部度量的相关研究也主要是根据这两类极值模型来展开。

第一个明确提出极值问题的是 Bortkiewicz（1922）[25]，该文献研究了正态分布的样本极差，这意味着来自正态分布的样本最大值是一个新的随机变量，具有新的分布。Mises（1923）[26]研究了样本最大值的期望值。极值理论的真正发展是在 1923 年，Dodd（1923）[27]首先研究了一般分布的样本最大值。Tippett（1925）[28]得到正态总体各种样本量下的最大值及相应概率表、样本平均极差表。Frechet（1927）[29]首次研究了最大值的渐进分布，认为来自不同分布却具有某种共同性质的最大值存在相同的渐进分布，并提出最大值稳定原理。Fisher 和 Tippett（1928）[30]证明了极值极限分布的三大类型定理，为极值理论的发展研究奠定了基石，他们的研究不仅找到 Frechet 分布，而且构造了另外两个渐进分布，即极值类型定理。

进一步，Mises（1936）[31]提出最大次序统计量收敛于极值分布的充分条件。Gnedenko（1943）[32]给出了类型定理的严格证明，建立了严格的极值理论。给出了极端次序统计量收敛的充要条件。Haan（1970）[33-34]对 Gnedenko提出的问题进行了进一步的深入研究，解决了吸引场问题。

Gumbel（1958）[35]对一维极值理论进行了系统归纳，探讨了最大值（或最小值）分布问题。David（1981）[36]和 Barry 和 Balakrishnan（1992）[37]讨论了次序统计量的渐进理论。Leadbetter 和 Lindgren（1983）[38]发展了离散以及连续随机过程的极值理论，Galambos（1987）[39]对此进行了进一步的探讨。Resnick（1987）[40]给出了极端次序统计量的联合分布，并最早探讨了多元极值分布。Reiss（1989）[41]探讨了与极值及次序统计量有关的收敛概念和收敛速度问题，Beirlant 和 Vynckier（1996）[42]以精算方法对此进行了探讨。Kotz 和 Nadarajah（2000）[43]、Reiss 和 Thomas（2001）[44]以及 Coles（2001）[45]等对极值问题也进行了研究。

Pickands（1975）[46]最早介绍广义的 Pareto 分布，Davison（1984）[47]、Smith（1984，1985）[48-49]以及 Montfort 和 Witter（1985）[50]做了进一步研究，将其广泛应用于极值分析、拟合保险损失以及可靠性研究领域。指数分布常被应用于区分厚尾和薄尾分布特性。

在应用方面，Weibull（1939，1951）[51-52]最早强调极值概念对描述材料强度的重要性。Kinnison（1985）[53]阐述了极值理论在工程领域的应用。Castillo（1988）[54]对极值模型及其应用进行了系统归纳。Embrechts 和 Klüppelberg 等（1997）[55]探讨了极值模型在金融和保险中的应用。Finkelstadt 和 Rootzen 等（2003）[56]以及 Beirlant 和 Goegebeur 等（2004）[57]也探讨了极值模型应用中的相关问题。

在广义 Pareto 分布模型的应用中，阈值的确定问题是一个很困难的问题。阈值越大，可以用于建模的数据样本越少，估计值的方差越大，但偏差减少；阈值越小，可用于建模的数据样本越多，估计值的方差越小，但偏差越大。Dupuis（1998）[58]认为可从参数的稳健性来确定阈值。但是，很多学者，如 Beirlant 和 Vynckier 等（1996）[59]、Beirlant 和 Dierckx 等（2002）[60]、Danielsson 和 Haan（2001）[61]、Guillou 和 Hall（2001）[62]、Ferreira（2002）[63]、Matthys 和 Beirlant（2003）[64]等建议通过最小化某一均方误差或渐进二阶矩来获得阈值。

极值估计的相关研究主要有两方面：极值指数估计和在高置信度下的分位数（高分位数）估计。

研究极值指数估计的相关文献主要有：Resnick 和 Stărică（1999）[65]、Huisman 和 Koedijk 等（2001）[66]、Groeneboom 和 Lopuhaa（2003）[67]、

Brazauskas 和 Serfling（2003）[68]以及 Aban 和 Meerschaert（2004）[69]。

探讨高分位数的相关文献主要有：Haan 和 Rootzén（1993）[70]构造了高置信度下的分位数估计量，讨论了大样本性质；Danielsson 和 Vries（1997，1998）[71-72]用自助法研究了高分位数；Bermudez 和 Turkman 等（2001）[73]用贝叶斯法估计高分位数；Ferreira 和 Haan 等（2003）[74]用矩估计法估计高分位数。McNeil（1997）[75]、McNeil 和 Frey（2000）[76]、McNeil 和 Saladin（2000）[77]、Longin（2000）[78]、Smith（2000）[79]以及 Bali（2003）[80]等分别通过极大似然法估计出极值指数和高分位数。

对于极值模型检验，Choulakian 和 Stephens（2001）[81]提出了广义 Pareto 分布模型应用条件的检验依据。Dietrich 和 Hann（2002）[82]提出了对样本是否满足极值分布的条件进行检验的方法。

目前，极值理论已经发展得比较完善，已成为一种非常实用的统计方法，在很多领域，如气象、人类寿命、材料强度、洪水、地震以及金融保险，获得了广泛应用。特别是在金融领域，将极值理论与风险价值（VaR）结合起来，度量金融风险的尾部风险，已经成为一种主流方法。

1.4.3.2　极值模型法在损失强度度量中的应用

操作损失强度一般可分为三类：一般损失、巨大损失和极端损失。如图 1-1 所示。

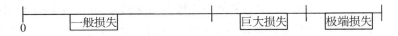

图 1-1　以损失强度大小为标准的操作损失分类

操作损失发生频数最大的是一般损失，其次是巨大损失，极端损失发生得极少。但对银行及其他金融机构影响最大的却是极端损失，其次是巨大损失。对银行及其他金融机构的威胁主要来自低频高强度损失的操作风险事件，这是设定监管资本时应考虑的主要对象。

新巴塞尔协议强调，监管资本度量必须考虑到潜在较严重的概率分布尾部损失事件（例如，相当于 IRB 法，持有期 1 年，99.9%置信区间）。由于极值模型法能够较好地度量这类操作损失事件，因此，目前该方法在操作风险度量中得到广泛应用。Embrechts 和 Klüppelberg（1997）[55]等建议用极值模型法度量尾部风险，并系统探讨了该模型在金融保险中的应用问题。

极值模型主要有两类[24]：经典区组样本极大值模型（Block Maxima Method，BMM）和广义 Pareto 模型（Generalized Pareto Distribution，GPD）。目前，操作风险尾部度量的相关研究也主要是从这两类极值模型出发来展开的。下面分别就国内外相关研究进行综述。

（1）国外研究状况。King（2001）[83]探讨了极值模型度量尾部风险的问题。Annalisa 和 Claudio（2003）[84]用广义 Pareto 分布模拟操作风险严重性的尾部特征后发现，极值模型能很好地拟合操作风险尾部分布状况。Embrechts 和 Furrer 等（2003）[85]认为，以极值模型估计操作损失分布高置信度的分位数时，操作损失数据样本须满足独立同分布的假设，且须达到一定的样本量。Fontnouvelle 和 Virginia（2003）[86]分析了低频高强度操作损失数据样本，发现 Pareto 分布能较好地拟合损失强度分布。Cruz（2004）[87]不仅在理论上研究了极值模型法在操作风险度量中的应用问题，而且进行了实践性探讨。Giulio 和 Roberto（2005）[88]以极值模型对操作风险进行实证研究后发现，度量结果高度依赖于分布的形态类型。

巴塞尔委员会于 2002 年在全球范围进行了一次操作损失样本收集，下述两文献分别对此操作损失数据样本进行了实证研究。Fontnouvelle 和 Rosengren 等（2004）[89]以 Weibull 分布、伽玛分布、对数伽玛分布、Pareto 分布等分布进行比较研究，分析结果表明损失分布表现出明显的厚尾性，Pareto 分布在大多数的产品线和风险类型上都拟合得很好。Moscadelli（2004）[90]也用该数据样本进行了实证研究，同时以 LogNormal 分布、Gumbel 分布以及 GPD 分布对操作损失强度进行拟合发现，当度量损失强度分布尾部时，LogNormal 分布从置信度 90% 开始低估风险，Gumbel 分布从置信度 96% 开始低估风险。进一步，将该阈值设定在置信度 90% 左右，经拟合检验，且与 LogNormal 分布、Gumbel 分布对比发现，GPD 模型是拟合损失强度尾部分布的最优模型。两文献都得出了同样的结论：操作风险具有明显的厚尾性。

Dutta 和 Perry（2006）[91]对 2004 年调查收集的操作损失数据进行了实证研究，以指数分布、伽玛分布、广义帕累托分布、对数正态分布、Weibull 分布等多种模型在不同银行、不同产品线和不同损失类型上对损失强度进行了拟合检验，发现损失强度分布具有明显厚尾性。Chavez - Demoulin 和 Embrechts（2006）[92]认为极值模型是度量低频高强度操作风险的最优方法，且探讨了当以 Pareto 分布拟合操作损失强度时，在置信度 99.9% 下操作风险价值的估计问题。Allen 和 Bali（2007）[93]认为银行风险暴露会受到经济周期性波动影响，从而使风险监管资本度量产生偏差，且以 GPD 模型实证检验了操作风险度量中的周期性风险因子的存在。

Georges 和 Hela（2008）[94]对某银行损失强度样本进行了实证分析，以 Weibull 分布拟合强度分布的主体部分，以 Pareto 分布拟合强度分布尾部。Ariane 和 Yves 等（2008）[95]以某银行损失样本分别拟合了 LogNormal 分布、Weibull 分布以及 Pareto 分布，并探讨了管理措施对风险调整后收益（RAROC）的影响。

（2）国内研究状况。田玲和蔡秋杰（2003）[96]对 BIA 法、标准法、内部衡量法、损失分布法和极值理论模型进行比较分析，对我国商业银行操作风险度量模型的选择问题进行了探讨。陈学华和杨辉耀等（2003）[97]将 POT 模型应用于度量商业银行的操作风险，认为 POT 模型可以准确描述分布尾部的分位数。樊欣和杨晓光（2003）[98]通过从公开媒体报道中搜集到的我国商业银行操作风险损失事件，对操作风险损失事件的频度和强度进行定量分析，对我国银行业目前面临的操作风险状况进行了初步评价。在此基础上，樊欣和杨晓光（2005）[99]进一步对操作损失频率和操作损失强度的概率分布进行估计，用蒙特卡罗模拟法估计出我国银行业整体操作风险在给定置信度下的风险价值。唐国储和刘京军（2005）[100]根据新巴塞尔协议规定的原则，探讨了损失分布法在操作风险度量中的应用。

杨旭（2006）[101]用极值模型法度量操作风险，并以连接函数探讨了不同损失事件之间的尾部相关性。周好文和杨旭等（2006）[102]以《福克斯》杂志为基础，收集了从 2001 到 2004 年的中国银行业内部欺诈事件，假定操作损失频率为泊松分布，损失强度为广义帕累托分布，对内部欺诈操作风险进行了度量，并以蒙特卡罗方法得到在一定置信度下一年期的操作风险价值。张文和张屹山（2007）[103]以我国某商业银行从 1988 到 2002 年的操作风险事件为样本，利用 POT 模型估计出在一定置信度下的 VaR 和 ES 值。高丽君和李建平等

（2006，2007）$^{[104-105]}$系统探讨了极值理论在我国商业银行操作风险度量中的应用，认为因采用传统 Hill 估计方法对小样本数据进行尾参数估计易产生偏倚，因此采用改进的 Hill 方法（小样本无偏估计的 HKKP 估计）来估计操作损失分布的尾参数，采用了最小化估计的累积概率分布与经验累计概率分布平均平方误差的方法确定阈值，估计出操作风险价值。姚朝（2008）$^{[106]}$的实证研究表明，我国银行操作损失强度的峰度达到 40.1063，即具有明显厚尾性。

上述国内外文献的实证研究表明，操作损失强度样本能很好地拟合极值模型，操作损失强度分布具有很明显的厚尾性（或重尾性）。

史道济（2006）$^{[24]}$将厚尾分布定义为：如果随机变量的峰度大于 3（正态分布峰度等于 3），则称该随机变量对应的分布为厚尾分布。但是，在某些情况下极值分布的高阶矩不存在，因此，其分布的尾部厚薄状况就不能用厚尾分布的概念来进行刻画，须用另一概念——重尾性分布——来描述。

史道济将重尾分布定义为：如果存在正整数 k，使得 $\int_0^\infty x^k dF(x)$ 无穷，则称分布 $F(x)$ 的上尾是重尾的，类似可定义下尾是重尾的情况。Embrechts 和 Klüppelberg（1997）$^{[55]}$认为，如果分布的密度函数以幂函数的速度衰减至 0，那么该分布是重尾的。

因此，不管随机变量的高阶矩是否存在，"重尾性"概念都能很好地刻画操作风险尾部厚薄状况，从而使分布尾部厚薄状况的描述具有一般性。在极值分布模型中，形状参数值大小表示了分布尾部厚度状况。对于 Pareto 分布，形状参数越大，分布尾部厚度越大；反之，尾部厚度越小。对于 Weibull 分布，形状参数越小，分布尾部厚度越大；反之，尾部厚度越小。

根据国内外文献对损失强度的实证研究，在操作风险中，有一类操作风险的损失强度分布具有明显的重尾性，本书将该类操作风险定义为重尾性操作风险。新巴塞尔协议强调必须将该类风险纳入监管资本的度量范围，该类风险对金融机构的威胁最大，是操作风险监管的关键对象。对该类操作风险进行专门研究将具有重大的理论意义和实践意义。

由于极值模型法是度量重尾性操作风险的最佳方法$^{[55]}$，因此，本书将极值模型法和损失分布法（目前业界广泛使用的方法）结合起来（即以极值模型拟合损失强度），探讨操作风险的度量精度与管理问题。

1.5 操作风险管理研究综述

1.5.1 国外操作风险管理研究现状

自 20 世纪 90 年代开始，衍生金融工具及交易迅猛增长，市场风险成为关注的焦点。主要国际大银行开始各自建立其风险资本的度量模型，弥补《巴塞尔协议》（1988 年）的不足。此时，市场风险度量的新方法 Value at Risk（VaR，即风险价值）开始出现。

到 20 世纪 90 年代后期，金融业风险出现新特点：损失不再是由单一风险造成，而是由信用风险和市场风险等联合造成。面对新的经济金融环境，巴塞尔委员会意识到操作风险已经成为金融机构的最致命威胁。此时，金融危机促使金融业界和理论界认为必须将另一类金融风险，即操作风险从信用风险或市场风险中分离出来，进行单独管理和控制。由此，提出了由市场风险、信用风险以及操作风险构成的全面风险管理模式。

1.5.1.1 新巴塞尔协议将操作风险纳入监管体系

由于 1988 年颁布的《巴塞尔协议》仅将信用风险和市场风险纳入监管体系，已经不能适应后来新形势下的金融风险状况，因此，对《巴塞尔协议》进行修订势在必行。从 1996 年起，巴塞尔委员会开始着手考虑《巴塞尔协议》的修订问题，其中一项主要工作即是考虑怎样度量和监管操作风险。1998 年 9 月，巴塞尔银行监管委员会首次发布了《操作风险管理》[107]的咨询文件，强调了操作风险管理的重要性。1999 年 6 月，巴塞尔委员会公布了巴塞尔新资本协议（草案），操作风险正式与信用风险、市场风险一起纳入到资本充足率的计算框架中。

随后，巴塞尔委员会于 2001 年 1 月发布第二次意见征求稿（CP2）[6]，基本确定了操作风险概念，提出了三种操作风险度量方法（即基本指标法、标准法和高级计量法），规定了适用于基本指标法和高级计量法的内部管理机制要求。首次将操作风险与信用风险、市场风险并列作为商业银行的三大风险，并规定必须计提风险准备金，以补偿操作风险损失。一些跨国银行将巴塞尔新协议征求意见稿（CP2）和其自身的操作风险实际状况结合起来，进行了尝试性的实践。

更进一步，2002 年巴塞尔委员会在全球范围进行了一次操作风险状况调查，收集到全球 19 个国家的 89 家银行金额超过 10 000 欧元的操作损失数据。2003 年 6 月发布第三次意见征求稿（CP3）[108]，进一步修改和补充了新协议的内容。2004 年巴塞尔委员会再次在全球范围进行了一次操作风险状况调查和操作损失数据收集[9]，以了解当时的操作风险状况。

终于，在 2004 年 6 月巴塞尔委员会发布了新的巴塞尔协议正稿[3]。新协议明确地将操作风险纳入风险监管框架中，要求金融机构为操作风险提取监管资本。操作风险和信用风险、市场风险一起正式成为商业银行的三大风险。在第一支柱（最低资本金要求）、第二支柱（监督检查）以及第三支柱（市场纪律）中，对操作风险进行了全面的监管。新协议的出台，顺应了新的国际环境，推动了银行业强化包括操作风险在内的各种风险的度量与管理能力，使操作风险成为业界和理论界的研究热点之一。

1.5.1.2　国外操作风险管理研究综述

国外文献对操作风险管理的探讨主要集中在两个方面：管理框架的构建和贝叶斯网络模型在操作风险中的应用。

第一方面，操作风险管理框架的构建。2001 年 12 月巴塞尔委员会发布《操作风险管理与监管的稳健做法》[109]，分别从风险管理环境、风险管理（识别、评估、监测和缓释/控制）、监管者作用、信息披露作用等四个方面共 10 条原则，系统阐述了操作风险的管理原则和方法，该文件建立了操作风险管理的基本框架。英国金融服务局（Financial Services Authority, 2002）[110]发布操作风险系统和控制的咨询文件，认为应对操作风险进行内容管理和过程管理。罗兰德·肯奈特从操作风险工具、资本计算、资本分配以及管理层支持等方面探讨了操作风险管理框架的建立问题[111]。安森尼·帕什建立了集成式操作风险管理框架，认为全面的操作风险管理应包括五大既相互关联又相互独立的要素：风险确认、风险度量、风险分析与监测、分配经济资本、损失管理等，并分别进行了详细解释[12]。

第二方面，贝叶斯网络模型在操作风险中的应用。Alexander（2000）[112]

最早将贝叶斯网络应用于操作风险度量与管理。King（2001）[83]认为贝叶斯网络对于操作风险管理有很重要的意义，并系统介绍了贝叶斯网络的基本原理。Mashall（2001）[113]和Hoffman（2002）[114]将贝叶斯网络引入操作风险的管理和研究中。概括起来，贝叶斯网络的节点选择主要有以下几种情况：

第一种情况，以关键风险指标（KRIs）为节点。卡罗尔·亚历山大（2003）[115]选择未成功的交易数量、员工跳槽比率以及严重失误发生频率（或强度）等为关键风险指标，认为贝叶斯网络可确定关键风险指标的触发程度（即风险一旦超过该"触发程度"界限，管理层必须采取措施控制风险）。

第二种情况，以失败事件引起的损失频数和损失强度的期望值为节点。Ramamurthy和Arora等（2005）[116]以公司行为过程（corporate actions processing）过失所造成的操作风险为例，建立了贝叶斯网络，并进行了情景分析和因果分析；卡罗尔·亚历山大（2003）[115]选择操作损失为节点建立贝叶斯网络，认为根据银行中各种关键风险诱因的作用模型化损失频数分布和损失强度分布，两分布结合起来可得到操作风险的总指标，即总损失分布。Cowell和Verrall（2007）[117]分别针对损失频数和损失强度建立贝叶斯网络。

第三种情况，以操作损失分布特征参数为节点。该方式主要用于度量操作风险，即基于损失分布的贝叶斯网络度量法。相关文献主要有：Yasuda（2003）[118]，Neil和Fenton等（2005）[119]，Adusei-Poku（2005）[120]，Valle和Giudicib（2008）[121]。

1.5.2 国内操作风险管理研究现状

1.5.2.1 操作风险管理的相关文件

我国操作风险管理起步较晚。2005年3月，中国银监会发布了第一个关于操作风险的文件，即《关于加大防范操作风险工作力度的通知》[122]，指出银行机构对操作风险的识别与控制能力不能适应业务发展的问题突出。一些银行机构由于相关制度不健全，或者对制度执行情况缺乏有效监督，对不执行制度规定者查处不力，风险管理和内部控制薄弱，大案、要案屡有发生，导致银行大量资金损失。文件要求各银行机构必须加大工作力度，进一步采取措施，有效防范和控制操作风险。各银监局要高度关注银行业金融机构的操作风险问题，切实抓好在基层的监管抽查工作。文件并提出 13 条指导意见，分别从规章制度建设、稽核体制建设、基层行合规性监督、订立职责制、行务管理公开等方面对银行的机构管理提出了要求，从轮岗轮调、重要岗位人员行为失范监察制度、举报人员的激励机制等方面对银行的人员管理提出了要求，从对账制度、未达账项管理、印押证管理、账外经营监控、改进科技信息系统等方面对银行的账户管理提出了要求。

2007 年 5 月，中国银监会发布《商业银行操作风险管理指引》[123]。该文件正式提出了操作风险的定义，并明确了我国操作风险管理与监管措施。文件提出操作风险管理体系包括五个基本要素：董事会的监督控制，高级管理层的职责，适当的组织架构，操作风险管理政策、方法和程序，计提操作风险所需资本的规定。在监管方面，商业银行应及时向银监会或其派出机构报告重大操作风险事件，操作风险管理政策和程序应报银监会备案，银监会对此将进行定期的检查评估。对于银监会在监管中发现的有关操作风险管理的问题，商业银行应当在规定的时限内，提交整改方案并采取整改措施。

2007 年中国银监会关于印发《中国银行业实施新资本协议指导意见》的通知[124]，明确了中国银行业实施新资本协议的目标、原则、范围、方法、时间表以及主要措施。尽管我国银行业的操作风险管理与国际接轨还需要一个过程，但是从国际、国内经济发展形势来看这是一个必然趋势。

我国监管当局和银行机构已意识到操作风险管理的重要性和紧迫性，不断采取措施加强操作风险管理。总体上，我国银行的操作风险管理主要是定性管理，定量管理还处于起步阶段，没有形成一套完整的操作风险度量方法。无法有效和准确地度量操作风险已成为我国提高操作风险管理水平的主要制约因素，因此，不能形成一个完整的操作管理系统。这些问题严重制约了我国银行操作风险管理水平的进一步提高。

1.5.2.2 国内操作风险管理研究综述

由于国内金融界对操作风险的破坏性认识较晚，理论界的研究和业界的管理实践远落后于国际水平，因此，国内理论研究以及实证的相关文献资料较少。近年来，随着操作风险事件的日益增加，金融改革的不断深入，业界和理论界对操作风险管理的研究逐渐深入。目前，操作风险管理研究的文献主要集中在以下几个方面：

第一，操作风险管理框架的探讨。沈沛龙和任若恩（2001）[125]认为操作风险内控体系框架模型应包括：风险辨识、风险测量、风险处理、风险管理的实施、管理监督和控制文化、风险、激励和考核等多个方面。巴曙松（2003）[126]认为金融机构应将信用风险、市场风险以及操作风险三种金融风险整合起来，建立完整而系统的操作风险管理框架。王廷科（2003）[127]探讨了我国商业银行引入操作风险管理的策略。乔立新和袁爱玲等（2003）[128]从内控机制的角度，探讨了操作风险控制策略，认为操作风险控制系统应该包括六个子系统：操作风险管理指挥中心、业务操作风险管理中心、数据传输风险管理中心、操作风险报告系统、操作风险应急反应中心以及操作风险审计中心。

钟伟和王元（2004）[129]认为新巴塞尔协议主要考虑十国集团成员国"国际活跃银行"（Internationally Active Banks）的需要，不适合我国国情，认为应建立适应我国银行业务发展水平的操作风险管理框架。刘超（2005）[130]提出基于作业的操作风险管理框架，即在银行业务流程基础上进一步细分为作业，以作业为基本单位来寻找并确认操作风险驱动因素，根据由关键作业和驱动因素构成的组合群来收集操作风险数据，度量操作风险，控制或缓释操作风险。

厉吉斌（2006）[131]认为，实施有效的操作风险管理，需要构建以整体性和系统性为特征的管理架构，其基本要素应包括风险文化、组织体系、流程体系、报告体系以及激励约束等，以风险管理为中心进行有效整合，形成这些要素间积极互动、层次间交互作用的有机体系。厉吉斌和欧阳令南（2006）[132]根据风险管理价值理论的基本原理，认为综合考虑银行风险偏好、管理资源等约束条件，对操作风险进行排序管理，优化配置银行管理资源，才可能实现操作风险管理价值最大化的目标，促进和提高银行的操作风险管理水平和综合竞争能力。

张新福和原永中（2007）[133]认为操作风险管理组织机构应包括三个层次：第一层次为董事会及高级管理层，第二层为风险管理部门和审计或稽核部门，第三层为业务部门。

第二，操作风险管理方法的探讨。周效东和汤书昆（2003）[134]认为我国商业银行应加强定量分析，建立定性与定量相结合的现代风险管理模式，制定操作风险内控体系和风险防范制度。张吉光（2005）[135]从实务操作角度，对操作风险管理进行了理论分析和模型比较，建议采用定性分析和定量分析相结合的方法管理操作风险。阎庆民和蔡红艳（2006）[136]分析了操作风险计量模型的适用性，结合我国银行业实际情况，探讨了我国商业银行操作风险管理的问题。薛敏（2007）[137]认为操作风险度量模型应考虑管理活动对风险特征的影响，综合主观和客观因素，进行情景分析，提出操作风险管理的最佳模型是计分卡法与损失分布法相结合的计量模型。

第三，贝叶斯网络模型在操作风险管理中的应用。邓超和黄波（2007）[138]及薄纯林和王宗军（2008）[139]都以关键风险指标为目标节点、关键风险诱因为母节点，建立贝叶斯网络模型。詹原瑞和刘睿等（2008）[140]对基于贝叶斯网络的操作风险度量与管理模型进行了理论探讨，并系统分析了贝叶斯网络在操作风险的度量与管理中所能实现的功能。

上述国内外文献都认为，操作风险管理系统应是将风险确认、风险度量、风险分析与监测、分配经济资本、损失管理等整合起来的一个完整框架。贝叶斯网络是一种能够很好地应用于操作风险管理的模型。

1.6 问题提出和研究意义

目前，在高级计量法中，损失分布法能够较准确地反应金融机构内部的操作风险特征，是一种极具风险敏感性的方法，因而在业界获得广泛应用。新巴塞尔协议规定，银行必须表明所采用的方法考虑到了潜在较严重的概率分布"尾部"损失事件。现有文献研究发现，损失强度分布具有显著的重尾性。因此，重尾性操作风险研究具有重要现实意义。在高置信度下度量重尾性操作风险，极值模型法是一种最佳方法。基于上述原因，把损失分布法和极值模型法结合起来，对重尾性操作风险的度量与管理问题进行研究，将具有重要的理论意义和实践意义。

由于重尾性操作损失具有低频高强度的特点，在度量中必然存在内外部损失样本数据共享问题，因此，现有文献首先研究了因损失样本共享而导致度量偏差的问题。损失分布法下，从操作风险度量偏差形成机理看，共享样本的复杂性使损失分布的估计存在偏差，从而导致度量偏差，因此，探讨共享样本下损失分布的估计问题是理解操作风险度量偏差问题的关键。但是，由前述文献回顾可知，现有文献仅研究了共享样本是否或怎样导致度量偏差，忽略了一个重要问题：共享损失样本下操作损失分布到底存在哪些情况。其次，当在高置信度下度量重尾性操作风险时，还可能存在模型外推问题。对这一系列问题的研究，有助于全面系统地理解度量偏差的形成机理，从而在度量实践中避免或减小度量偏差，因而具有重大意义。

由于操作风险的重尾性和度量的高置信度，导致度量偏差的存在具有客观性，以及不可忽视性，因此，其度量精度的研究成为一个非常重要的问题。已有文献实际上都是在研究怎样减小度量偏差的问题。尽管 Chavez-Demoulin 和 Embrechts （2006）[92] 等人注意到了该问题，但因理论研究准备不足，而未能对此进行深入研究。对于重尾性操作风险，度量结果精确性的评价与度量本身同样重要，因而，进一步研究度量精度问题，对于完善和发展损失分布法在操作风险度量中的应用，将具有重要的理论意义和实践意义。

由于重尾性操作风险既是新巴塞尔协议监管的核心，也是对金融机构构成致命威胁的风险，因此，有必要进一步研究其管理问题。现有文献从整体管理框架和贝叶斯网络管理模型两方面研究了操作风险的管理问题。从现有文献的回顾中可发现度量模型和管理模型还是两个分离的系统，没有整合在一起。这导致在操作风险的整体管理框架中，度量不能为管理提供依据，管理的效果不能有效地以度量来进行检验。也就是说，目前的操作风险"整体管理框架"实际上还不是一个整合的有机系统。因此，研究度量模型与管理模型的整合问题具有重要意义。

通过对现有文献的回顾发现两个模型未能整合的关键原因在于，没有找到能够将两个模型整合在一起的连接参数或模型。实际上，贝叶斯网络是一种能很好地将度量模型与管理模型整合在一起的模型。若能从度量的角度找到对操作风险影响程度最大的特征参数作为管理措施所针对的关键参数（即关键管理参数），那么，这个关键管理参数就成为连接度量模型与管理模型的关键变量。将管理措施（或关键风险指标）和关键管理参数整合在一个贝叶斯网络模型中，从而将管理模型与度量模型整合在一起。因此，操作风险关键管理参数的研究，对于操作风险度量模型与管理模型的整合将具有重大意义。

在损失分布法下，损失强度分布模型的选择，不仅影响重尾性操作风险的度量结果，而且影响操作风险管理系统的灵敏度。传统的选择方法是以拟合优度为标准，但是，在损失强度样本拟合过程中，可能存在着两个或以上的分布模型的拟合优度很接近的情况，此时以拟合优度作为选择标准就出现难以抉择的问题。此外，操作风险管理和度量具有同等的重要性，因此，本书探讨以管理系统灵敏度为标准来选择损失强度分布的方法，将具有重要的现实意义。

1.7　研究内容与结构

在现有研究的基础上，本书将损失分布法和极值模型法结合起来，研究重尾性操作风险的度量精度与管理问题。首先，本书将探讨操作风险度量的有关问题：操作风险度量偏差的影响因素（第二章）、操作风险度量精度（第三章）；然后，探讨重尾性操作风险的关键管理参数（第四章）；最后，提出损失强度分布选择的一种方法（第五章）。本书后续各章具体研究内容如下：

第二章从样本异质性和模型外推问题两个方面对操作风险度量中存在的偏差问题进行了系统归纳和探讨。首先，从门槛差异和内外部管理环境差异两方面探讨了样本异质性问题。新巴塞尔协议要求度量操作风险时必须引入外部损失样本补充损失数据库，因此，必然存在样本异质性问题。这种样本异质性将导致损失分布模型的偏差，从而引起操作风险度量结果的偏差。然后，分析了模型外推问题。由于重尾性操作风险所产生的操作损失具有低频高强度的特点，因此，在高置信度下的样本量非常稀少。这不仅会导致样本内估计操作风险价值问题，而且存在着样本外估计操作风险价值问题，这必然会使操作风险度量结果存在偏差。由于损失样本异质性和分布模型外推导致的度量结果偏差由重尾性操作风险度量的特征决定，表明这种偏差的存在具有必然性。

第三章探讨了重尾性操作风险度量精度问题。在损失分布法下，操作风险是以操作风险价值为度量结果的，因此，操作风险价值的置信区间长度表示操作风险度量的精度。本章分别在 BMM 类模型和 GPD 类模型中选择典型重尾分布即 Weibull 分布和 Pareto 分布来作为操作损失强度的分布，探讨操作风险度量的精度问题。在对操作风险度量精度变动规律的理论研究基础上，以示例分析验证了理论模型的有效性。由该理论模型可知操作风险度量精度变动的趋势及其关键影响参数。

第四章针对重尾性操作风险，以极值分布模型为研究基础，分别选择两类典型重尾分布，即 Weibull 分布和 Pareto 分布作为操作损失强度，探讨了操作风险的关键管理参数。首先，本章建立了操作风险关键管理参数判别模型；然后，以示例分析验证了该理论模型的有效性。

第五章针对操作损失强度样本拟合过程中，拟合优度很接近的分布模型不能以拟合优度为标准进行选择的问题，提出一种操作损失强度分布的选择方法：即以操作风险管理系统灵敏度最大为选择标准，来进行操作损失强度分布的选择。假设损失强度分布分别为 Pareto 分布和 Weibull 分布，以仿真方法通过对比在这两类分布下操作风险价值相对于分布特征参数的灵敏度，选择操作损失强度的分布模型。

第六章为全文总结和研究展望。

1.8　主要创新点

损失分布法源自保险精算模型，已有文献不仅在理论上探讨了该方法在操作风险度量中的应用，而且进行了实证研究。本书在对现有文献进行综述的基础上，发现操作损失强度具有明显的重尾性，该类操作风险是新巴塞尔协议监管的重点对象。因此，本书将极值理论与损失分布法结合起来，以典型重尾分布（Weibull 分布和 Pareto 分布）为损失强度分布假设，研究重尾性操作风险的度量精度与管理问题。本书主要创新点包括如下几个方面：

（1）研究发现操作风险度量精度随置信度和分布特征参数变动而变动，且度量精度灵敏度的变动仅与形状参数和频数参数有关。

（2）针对重尾性操作风险监管的重要性，本书建立了该类风险的关键管理参数的判别模型，该关键管理参数将操作风险度量模型与管理模型连接在一起，为两模型的整合建立了基础。

（3）根据本书研究结果，提出了一种新的监管资本提取方式：在监管资本置信区间的下限提取监管资本，从置信下限到置信上限，配置以无风险资产。由此，将操作风险大小与其相应度量精度变化结合起来，监管资本越大，因其度量精度越差，而给出一个更大的监管资本控制范围。这样可使被监管机构在资本配置上具有一定的灵活性。

（4）针对损失强度分布模型的选择问题，本书提出以操作风险管理系统灵敏度为标准选择损失强度分布模型的方法，从而使损失强度分布模型的选择与操作风险管理结合起来。

2 操作风险度量偏差的影响因素

2.1 引言

本章主要从两方面对操作风险度量偏差问题进行探讨：样本异质性（het-erogeneity）和分布模型外推。

一方面，在共享内外部操作损失样本条件下，必然存在样本异质性问题，由此将引起分布模型偏差，从而影响操作风险价值估计。目前对样本异质性的研究主要集中在两个领域：

第一，是损失样本记录门槛（threshold）差异导致的样本异质性。在假设内部损失样本门槛为零的条件下，Frachot 和 Roncalli（2002）[13] 认为仅以内部样本度量操作风险，会导致结果偏低，必须引入外部样本补充内部样本。Baud 和 Frachot 等（2002）[14] 认为内外部样本共享时可能有三种情况的门槛：已知常数、未知常数和随机变量。Baud 和 Frachot 等（2003）[15] 认为内部样本和外部样本都存在门槛，若忽视这些门槛，可能高估监管资本达 50% 以上。Frachot 和 Moudoulaud 等（2007）[17] 在共享内外部样本条件下，探讨了相关性对合成总监管资本的影响，并探讨了特征参数以及监管资本估计的准确性问题。Aue 和 Kalkbrener（2007）[18] 将外部损失数据按照一定权重引入内部损失数据库，探讨操作风险度量问题。

第二，除门槛外的其他因素（如金融机构规模、内部管理环境和外部管理环境等）也将导致样本的异质性。Shih 和 Samad-Khan 等（2000）[4] 研究了操作损失强度与机构规模间的关系，发现损失强度和机构规模间存在非线性关系。随后，Hartung（2004）[19]完善了上述模型，并将影响损失的所有因素纳入模型，建立损失强度转换模型。Na（2004）[20]将损失强度细分为一般损失和特殊损失，建立损失强度的转换公式。Na 和 Miranda 等（2005）[21]将上述思想扩展到内外部操作损失频数的转换模型中。Na 和 Van（2006）[22]建立了操作损失频率的转换公式，并进行了分析。

另一方面，由于重尾性操作风险产生的损失样本具有低频高强度的特点，相关的实证研究表明当在高置信度下进行度量时存在分布模型外推问题。Moscadelli（2004）[90]实证研究发现，LogNormal 分布从置信度 90% 开始低估风险，Gumbel 分布从置信度 96% 开始低估风险。高置信度下估计操作风险价值时，存在模型外推问题。

本章将对操作风险度量中存在的偏差问题进行系统探讨。首先，探讨样本异质性问题；然后，分析分布模型外推问题。

2.2 样本异质性对分布模型的影响

美联储等机构[9]的研究表明，以损失分布法度量操作风险的机构在模型化低频高强度损失的尾部事件时，多数机构直接引入外部损失样本与内部样本混合后度量操作风险，少数机构仅引入外部样本做情景分析，只有两家机构不使用外部样本。巴塞尔委员会规定银行的操作风险计量系统必须利用相关的外部数据[3]。可见，操作风险度量客观上必然存在样本异质性问题。

操作损失样本异质性的含义有两个方面：一是金融机构仅记录损失强度超过某一门槛的操作损失的频率和强度，由门槛差异而导致损失样本的差异；二是不同金融机构内部的程序、人员状况、系统存在差异，由此使不同机构发生损失的频数和强度存在差异。最初的研究主要针对门槛导致的异质性，此后，随着损失样本量的增多，对除门槛外的其他因素导致的样本异质性问题的研究也逐渐展开。

2.2.1 门槛导致的样本异质性

美联储等机构[9]提供的数据表明，金融机构记录操作损失的门槛在 0 到 10 000 美元之间。其中，记录门槛为 0 的机构有六家，记录门槛为 10 000 美元的机构有 9 家；以相同门槛来记录不同业务线和风险类型的损失样本的机构有 17 家，分别以不同门槛记录不同业务线和风险类型的损失样本的机构有 6 家。根据业界记录损失样本的情况来看，可将操作风险度量中所使用的损失样本数据库分为四类，针对不同类型数据库，有不同损失强度分布：

（1）数据库 A

在数据库 A 中，金融机构记录所有损失样本，样本门槛为 0，而且金融机构内外部环境没有变化，损失样本分布相同。由此所共享的来源不同的样本具有同质性，分布相同。在此类共享数据库中，损失强度分布为[141-142]：

$$f(x; \theta) = f(x; \psi \mid H = 0) \tag{2-1}$$

式中，x 表示操作损失强度；ψ 表示损失强度分布特征参数；H 表示损失样本门槛。

（2）数据库 B

在数据库 B 中，来自不同金融机构损失样本的门槛不为零，但门槛相同，而且金融机构内外部环境没有变化，损失样本分布相同。由此所共享的来源不同的样本具有同质性，分布相同。在此类共享数据库中，损失强度分布为条件分布[14]：

$$f^*(x; \psi) = f(x; \psi \mid H = h) = I\{x \geqslant h\} \frac{f(x; \psi)}{\int_h^{+\infty} f(x; \psi) dx} \tag{2-2}$$

式中，$I\{x \geqslant h\}$ 为示性函数：当 $x \geqslant h$ 时，$I\{x \geqslant h\} = 1$；当 $x < h$ 时，$I\{x \geqslant h\} = 0$。

如忽略门槛 H，度量得到的操作风险价值会偏大。

（3）数据库 C

在数据库 C 中，来自不同机构的损失样本的门槛不同，金融机构内外部环境没有变化，损失样本分布相同。共享样本具有同质性，但在最大门槛和最小门槛间的样本量不同。在此类共享数据库中，损失强度分布为[17]：

$$f^*(x;\ \psi,\ h_i,\ p_i) \equiv f(x;\ \psi\,|\,H_1 = h_1) \propto p_1 + \cdots + f(x;\ \psi\,|\,H_k = h_k) \propto p_k$$

$$(2-3)$$

式中，p_i 表示门槛为 h_i 的损失样本量所决定的分布的权重为 p_i。

即，该分布由以下参数决定：

$$\psi,\ h_1,\ \cdots,\ h_k,\ p_1,\ \cdots,\ p_k$$

由此，如忽视门槛，度量得到的操作风险价值误差将非常大[15]。此时，在样本有限的条件下，得到的分布有以下特点：首先，因有多个门槛存在，在分布曲线上的每一门槛处，必然会出现一个跳跃点，使损失样本分布偏离真实分布；其次，由于未考虑门槛，会使操作风险价值被高估。

（4）数据库 D

在数据库 D 中，来自不同金融机构损失样本的门槛不同。金融机构内外部环境不同，从而使操作损失分布也不同。共享的不同来源的样本具有异质性。其损失强度分布为多个分布混合而成的混合分布[141-142]：

$$f^*(x;\psi,h_i,p_i) = \begin{cases} f_1(x;\psi\,|\,H_1 = h_1) \cdots\cdots\cdots\cdots\cdots\cdots\cdots h_1 \leqslant x < h_2 \\ f_1(x;\psi\,|\,H_1 = h_1) \propto p_1 + f_2(x;\psi\,|\,H_2 = h_2) \propto p_2 \cdots\cdots h_2 \leqslant x < h_3 \\ \cdots \\ \cdots \\ \cdots \\ f_1(x;\psi\,|\,H_1 = h_1) \propto p_1 + \cdots + f_{s-1}(x;\psi\,|\,H_{s-1} = h_{s-1}) \propto p_{s-1} \cdots h_{s-1} \leqslant x < h_s \\ f_1(x;\psi\,|\,H_1 = h_1) \propto p_1 + \cdots + f_s(x;\psi\,|\,H_s = h_s) \propto p_s \cdots\cdots\cdots h_s \leqslant x \end{cases}$$

$$(2-4)$$

式中，f_i 表示当门槛为 h_i 的损失样本量所决定分布的权重为 p_i 时，损失强度分布函数的对应关系。

即，该分布函数为分段函数，由以下参数决定：

$$\psi,\ f_1,\ \cdots,\ f_s,\ h_1,\ \cdots,\ h_s,\ p_1,\ \cdots,\ p_s$$

如既不考虑损失样本分布的不同，也不考虑样本门槛的差异，将导致操作风险价值重大误差的出现。

以上将操作损失样本数据库从简单到复杂分成四种类型，在不同数据库状态下存在不同的损失分布函数。在损失分布法下是以操作损失分布在置信度为

99.9%时的分位数作为操作风险度量结果的。因此，若忽略门槛的存在，不考虑不同数据库状况下损失分布函数不同所带来的对度量结果的影响，必然会导致操作风险度量的偏差。

2.2.2　除门槛外其他因素导致的样本异质性

除门槛以外的因素主要有两方面：其一，是金融机构内部的程序、人员状况、系统等内部环境；其二，是金融机构所处的外部环境。不同金融机构在这两方面都会存在差异，这必然导致不同金融机构发生的损失样本在频率和强度上存在很大异质性，使金融机构操作损失的频率分布和强度分布不同，进而使度量结果产生偏差。当共享不同机构发生的具有异质性的损失样本时，若能将这些具有异质性的损失样本通过某一模型转换为同质性的样本，即进行样本同质性处理，便能在一定程度上减小操作风险度量的偏差。

业界和理论界对操作风险度量的研究，最初关注的一个核心问题就是损失样本的异质性问题。但该问题的解决却遇到很大困难，其原因在于要建立这样的转换模型需要大量操作损失数据。而操作损失数据的收集工作的开展却很晚，从巴塞尔委员会最近损失数据收集结果[9]看，最早的损失数据收集是从1999年开始的。因此，将异质性损失样本转换为同质性损失样本的研究工作开展也较晚。尽管如此，相关文献仍以有限的损失数据样本对该问题进行了研究。

最早，Shih 和 Samad-Khan 等（2000）[4]认为操作损失强度与金融机构规模间存在如下关系：

$$L = R^a x F(\sigma) \tag{2-5}$$

式中，L 表示实际损失量；R 表示金融机构收入规模；a 表示规模因子；σ 表示不能被 R 解释的其他风险因子矢量。

当 $a = 1$ 时，R 与 L 间是线性关系；当 $a > 1$ 时，L 随着 R 的增加而递增；当 $a < 1$ 时，L 随着 R 的增加而递减。

该文献实证研究发现，损失强度和机构规模间存在非线性关系。在代表机构规模的三个变量（总收入、总资产和雇员数量）中，总收入与损失强度间相关性最强。但进一步研究发现，总收入仅能解释 5% 的损失强度，95% 的损失强度主要与产品线类型、管理质量以及环境控制的有效性等有关。因而，该模型实际上不能解决异质性样本的损失强度转换问题。

随后，Hartung（2004）[19]进一步完善了上述模型，认为仅考虑收入对操作损失的影响不全面，应将影响损失的所有因素纳入模型，建立操作损失强度转换模型：

$$Loss_{adj} = Loss_{org}\left\{1 + a\left[\left(\frac{Scal.\ Param(Loss_{adj})}{Scal.\ Param(Loss_{org})}\right)^{b} - 1\right]\right\} \qquad (2-6)$$

式中，$Loss_{adj}$ 表示被调整银行的操作损失；$Loss_{org}$ 表示基准银行的操作损失；$Scal.\ Param$（$Loss_{adj}$）表示被调整银行的比例参数；$Scal.\ Param$（$Loss_{org}$）表示基准银行的比例参数。a，b 表示调整因子：$a \in [-1; 1]$，$b \in [0; 1]$。

Na（2004）[20]对操作损失强度做了进一步细分，将其分解为一般损失和特殊损失：一般损失捕捉到银行一般性变化，比如宏观经济的、地理政治的以及文化环境等的变化；特殊损失捕捉业务线或损失事件的特性。由此，该学者得到机构间操作损失强度的转换模型：

$$\frac{L_{T,\ B_1}}{(R_{idiosyncratic})^{\lambda}_{T,\ B_1}} = \frac{L_{T,\ B_2}}{(R_{idiosyncratic})^{\lambda}_{T,\ B_2}} \qquad (2-7)$$

式中，$L_{T,\ B_i}$ 表示 T 时期业务线 B_i 发生的操作损失；$(R_{idiosyncratic})_{T,\ B_i}$ 表示 T 时期银行或业务线的收入，是对银行业务线特性的估计；λ 表示比例因子。

进一步，Na 和 Miranda 等（2005）[21]将上述思想扩展到内外部操作损失频数的转换模型中，并进行了计量分析。Na 和 Van（2006）[22]建立了操作损失频率转换的计量模型。

根据损失样本的异质性及其转换模型，可以看出操作风险度量偏差可能来自三方面：

第一，转换模型差异导致的度量偏差。上述文献分别根据损失样本数据资料，从不同角度建立了不同来源共享损失样本的转换模型。由于这些模型具有明显的差异，因此，即使损失数据库相同，经不同模型转换后得到的损失数据库也会不同，从而导致不同的度量结果。

第二，模型误差导致的度量偏差。操作损失转换模型还将随着损失样本量的增加以及损失样本分类的细密化而不断改进，要标准化损失转换公式还有一个很漫长的过程；稳定且精确的转换模型的建立，需要大量历史损失样本，以目前有限的操作损失样本量得到的转换公式是不可靠的。

第三，内外部环境变化导致的偏差。由于不同机构的内外部环境存在很大差异，操作风险状况也存在很大差异，因此，在任意两两金融机构间都应该有独立的损失转换模型。不仅金融机构的内部程序、人员状况、系统等内部环境是不断变化的，而且外部管理环境也在不断变化，这些变化都将使操作风险状况不断地发生变化，因此不同机构间操作损失转换模型实际上应是动态模型。金融机构内外部环境的不断变化，使该转换公式也不断变化，这导致转换模型呈现出不确定性。因转换模型是根据历史损失样本导出的，这使转换模型的变更总是滞后，没有前瞻性。因此，已有文献给出的损失样本转换仅是一种近似的样本一致性处理，不可能彻底消除操作风险度量偏差。

由上述分析可知，在操作损失样本量不足的情况下，不引入外部损失样本，会因小样本而导致高置信度下操作风险价值估计的不确定度的显著增大[7]。即使存在大量损失样本，若仅以内部损失样本来度量操作风险，也会导致低估操作风险[13]。因此，在度量操作风险时，必然存在共享内外部损失样本的问题。新巴塞尔协议也对此进行了明确规定，即必须引入外部损失样本补充内部样本后再度量操作风险监管资本，以确保度量结果不产生过大偏差。

损失样本阀值和机构内外部环境差异导致了损失样本异质性。尽管已有文献提出了各自的解决办法，但这些办法只能是一种近似。因此，样本异质性必然会导致操作风险度量偏差。

2.3 分布模型外推导致的偏差

在损失分布法下，通过操作损失样本数据来估计损失强度分布，选择拟合度最好的分布模型作为最优模型。损失样本数据量越大，所估计的分布模型越接近"真实分布"。但是，重尾性操作风险发生的损失样本存在显著特点：总体上数据量比较少，且随着损失量的增加，损失频数越来越少。操作风险监管资本是以置信度为99.9%时的操作风险价值来进行度量，即操作风险度量实际上是估计分布尾部当置信度为99.9%时的分位数。这导致在度量重尾性操作风险的尾部风险时所得到的操作风险价值可能有两种情况：样本内估计操作风险价值和样本外估计操作风险价值，即存在分布模型的外推问题。

2.3.1　样本内估计操作风险价值

由于操作损失样本对于某一分布的拟合优度是针对所有样本的总体评价结果，因此，所得到的最优分布可能有两种情况：第一种情况，对分布主体部分拟合得很好，但对分布尾部拟合得不好；第二种情况，对分布主体部分拟合得不好，但对分布尾部拟合得很好。

Marco Moscadelli （2004）[90]对巴塞尔委员会于2002年收集的操作损失样本的实证研究表明存在第一种情况，如图2-1：

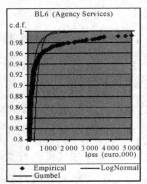
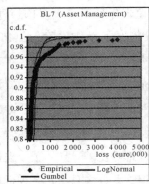
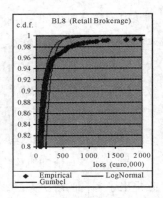

图2-1　BL6、BL7以及BL8的经验分布及所拟合的LogNormal和Gumbel分布尾部比较

由上图可看到：产品线BL6、BL7以及BL8的损失强度样本在置信度94%左右以下时对LogNormal分布拟合较好，在置信度96%左右以下时对Gumbel分布拟合较好，但在超过该置信度时对分布尾部拟合得很差，严重低估操作风险价值。Marco Moscadelli （2004）[90]计算出的结果表明，LogNormal分布和Gumbel分布的拟合优度都比较高，若仅是以总体样本的拟合优度来选择分布，所度量出的操作风险价值必然存在很大偏差。计算结果表明，总体上看Gumbel分布的拟合优度大于LogNormal分布，因此，Gumbel分布是最优分布。但本次针对操作风险的调查结果显示，有一半以上的机构以LogNormal分布来模型化操作损失强度的主体部分的分布[9]，这使度量结果必然会存在偏差。

由于操作风险度量的置信度很高，巴塞尔委员会规定的置信度为99.9%，因此，对于重尾性操作风险来说，重要的是选择对分布尾部拟合优度高的分布，而不是对损失样本整体拟合优度高的分布[142]。

2.3.2 样本外估计操作风险价值

由于重尾性操作风险在分布尾部的损失样本量很少，因此，可能在置信度99.9%附近没有样本发生，即必须要在样本外估计操作风险价值。

如图2-1，若产品线BL6、BL7以及BL8在高于置信度94%后没有损失样本产生，那么，LogNormal分布和Gumbel分布对损失样本的拟合优度可能很接近。这将导致在最优分布模型的选择上出现难以决策的情况出现。但是，LogNormal分布和Gumbel分布在尾部完全不同，从而导致不同的操作风险价值。这必然会使度量结果出现不可避免的偏差。尽管新巴塞尔协议规定必须引入外部损失样本补充内部样本后进行操作风险度量，但这些高强度损失毕竟不是本机构发生的真实样本，引入这些高强度样本作情景分析是可以的，但若作监管资本度量则可能偏向保守。并且如前述分析所示，外部样本存在着门槛及其他因素导致的异质性，这必然导致操作风险度量产生偏差。

由上述分析可知，由于操作风险的重尾性以及度量的高置信度性，不管是样本内估计操作风险价值，还是样本外估计操作风险价值，都必然会产生度量偏差[142]。这种分布模型的外推问题对操作风险度量产生的影响是不可避免的，这是由重尾性操作风险度量的特征决定的。

2.4　本章小结

本章从样本异质性和模型外推问题两个方面对操作风险度量中存在的偏差问题进行了系统归纳和探讨。由于损失分布法是以操作损失样本为基础来度量操作风险的，损失样本本身的状况对操作风险度量结果起着决定性影响。若不引入外部损失样本，可能因小样本而导致高置信度下操作风险价值估计偏差的显著增大。即使存在大量损失样本，仅以内部损失样本来度量操作风险，也会导致低估操作风险。若以内外部损失样本合成的共享数据库来度量操作风险，又存在着样本异质性问题。新巴塞尔协议要求度量操作风险时必须引入外部损失样本补充损失数据库，因此，必然存在样本异质性问题。对此，本章从门槛差异和内外部管理环境差异两方面进行了探讨。这种样本异质性将导致损失分布模型的偏差，从而引起操作风险度量结果的偏差。

进一步，对分布模型外推问题进行分析。由于重尾性操作风险所产生的操作损失具有低频高强度的特点，因此，在高置信度下的样本量非常稀少。这不仅会导致样本内估计操作风险价值问题，而且存在着样本外估计操作风险价值问题，这必然会使操作风险度量结果存在偏差。

由于损失样本异质性和分布模型外推导致的度量结果偏差由重尾性操作风险度量的特征决定，表明这种偏差的存在具有必然性，因此，在损失分布法下，研究操作风险度量结果（操作风险价值）的置信区间具有非常重大的现实意义。这对发展和完善损失分布法也具有重要意义。

3 重尾性操作风险度量精度

3.1 引言

第二章研究结论表明，以损失分布法度量操作风险时，客观上存在着损失样本异质性问题，必然导致操作风险度量的偏差；进一步，对于重尾性操作风险，还存在着损失分布模型外推问题，不仅导致样本内估计操作风险价值问题，而且导致样本外估计操作风险价值问题，使重尾性操作风险度量结果产生更大的偏差。由于重尾性操作风险度量结果偏差的存在具有必然性，因此，进一步探讨操作风险度量的精度具有重大的理论意义和现实意义。

从提出以损失分布法度量操作风险开始，理论界就开始关注操作风险度量的精度问题，相关研究主要集中在两方面。

第一方面，探讨如何提高操作风险价值精度，主要集中在两方面。其一，是样本门槛导致的异质性问题。若内部损失样本没有门槛，Frachot 和 Roncalli（2002）[13]认为仅以内部样本度量操作风险，会导致结果偏低，须以外部样本补充内部样本；Baud 和 Frachot 等（2002）[14]认为内外部样本共享时可能有三种情况的门槛：已知常数、未知常数和随机变量；Baud 和 Frachot 等（2003）[15]认为内部样本和外部样本都存在门槛，若忽视这些门槛，将高估监管资本，且实例分析发现可能高估达 50% 以上；进一步，Frachot 和 Moudoulaud 等（2007）[17]在共享内外部样本条件下，探讨了相关性对合成总监管资本的影响，并探讨了特征参数以及监管资本估计的准确性问题。其二，是除门槛外的其他因素导致的样本异质性问题。损失样本异质性影响了损失强度分布和损失频数分布，因此，共享内外部损失样本时，须分别地将损失强度和损失频数进行同质性转换。在损失强度转换模型方面：Shih 和 Samad-Khan 等（2000）[4]发现损失强度和机构规模间存在非线性关系，在代表机构规模的三个变量（总收入、总资产和雇员数量）中，总收入与损失强度间相关性最强，但总收入仅能解释5%的损失强度，95%的损失强度主要与产品线类型、管理质量以及环境控制的有效性等有关。Hartung（2004）[19]认为仅考虑收入模型对操作损失的影响不全面，应将所有影响损失的因素纳入模型，并建立了机构间操作损失强度的转换模型。进一步，Na（2004）[20]将操作损失强度细分为一般损失和特殊损失，一般损失捕捉到所有银行所有一般性变化，特殊损失捕捉业务线或损失事件的特性，并建立机构间操作损失强度的转换公式。在损失频数转换模型方面：Na 和 Van（2006）[22]建立了不同机构间的操作损失频率的转换公式。

第二方面，探讨操作风险价值精度的度量机理。Jack（2001）[143]认为操作风险价值是间接度量值，通过度量估计贡献因子及其与度量值的函数关系，根据不确定性传递理论[144]，将各个因子的误差传递到度量中，就可建立度量值的误差估计模型，即如果能度量估计分布特征参数及其与操作风险价值的函数关系，特征参数的误差将传递形成操作风险价值的误差。

但是，在损失分布法下，由于包括卷积公式、稀疏向量算法以及 Panjer 递推等在内的计算方法都不能得到操作风险价值的解析解，因此，操作风险度量的精度的估计问题成为了一大难题。

Bocker 和 KlÄuppelberg（2005）[145]、Bocker 和 Sprittulla（2006）[146]以及 Bocker（2006）[147]系统研究后发现，当以损失分布法度量操作风险时，操作风险价值的解析解在一般分布情况下是不存在的，但在估计重尾性操作风险尾部的操作风险价值时，该解析解存在。已有实证研究表明，存在一类操作风险，其操作损失强度为重尾性分布。重尾性操作风险度量正好满足操作风险价值解析解存在的条件：新巴塞尔协议规定，操作风险监管资本是以置信度 α 为99.9%时的风险价值（即操作风险价值）来进行度量的，即是在操作损失分布的尾部估计操作风险价值，因此，重尾性操作风险监管资本（操作风险价值）

的解析解存在。操作风险价值的解析解将操作损失分布的特征参数与操作风险价值直接联系起来，这使探讨操作风险度量精度问题成为可能。

操作风险对银行的威胁主要来自重尾性操作风险事件，这也是度量监管资本时主要考虑的对象。极值模型法是度量重尾性操作风险的最佳方法[55]。极值模型主要有两类[24,148]：经典区组样本极大值模型（Block Maxima Method，BMM）和广义 Pareto 模型（Generalized Pareto Distribution，GPD）。

在损失分布法下，操作风险度量结果为操作风险价值，因此，操作风险价值的置信区间长度即是操作风险度量的精度[149-151]。本章将在相关实证研究基础上，分别在上述两类极值分布下探讨操作风险度量精度问题，即分别假设操作损失强度为 Weibull 分布（BMM 模型）和 Pareto 分布（GPD 模型），对操作风险度量精度进行探讨。首先，通过分析高置信度下操作风险价值的解析解，度量出操作风险价值的标准差；然后，探讨操作风险价值的置信区间长度的灵敏度，探讨操作风险度量精度变化规律。

3.2　Pareto 分布下操作风险度量的精度

广义 Pareto 分布由 Pickands（1975）[46] 最早介绍，Davison（1984）[47]、Smith（1984，1985）[48-49] 以及 Montfort 和 Witter（1985）[50] 做了进一步研究。它广泛应用于极值分析、拟合保险损失以及可靠性研究领域，常用指数分布去区分厚尾及薄尾的分布特性。当位置参数为 0 时，广义 Pareto 分布的分布函数为如下[24]：

$$G(x;\ \theta_p,\ \xi_p) = \begin{cases} 1 - \exp(-\dfrac{x}{\theta_p}) \cdots\cdots\cdots\cdots\cdots\cdots \xi_p = 0 \\ 1 - (^1 + \xi_p) - \dfrac{1}{\xi_p} \cdots\cdots\cdots\cdots\cdots \xi_p \neq 0 \end{cases}$$

式中，ξ_p 表示形状参数；θ_p 表示尺度参数。

在广义 Pareto 分布中，当 $\xi_p = 0$ 时，为指数分布（Pareto Ⅰ 型），当 $\xi_p > 0$ 时，为 Pareto 分布（Pareto Ⅱ 型），当 $\xi_p < 0$ 时，为 Beta 分布（Pareto Ⅲ 型）。

其中 Pareto 分布（Pareto Ⅱ型）是重尾性分布（其分布的密度函数以幂函数的速度衰减至 $0^{[55]}$），其高阶矩（大于 $1/\xi_p$ 阶的矩）不存在。在公式中，尺度参数 θ_p 表明 Pareto 分布的离散程度，θ_p 越大，分布的离散程度越大；形状参数 ξ_p 表明 Pareto 分布尾部厚度以及拖尾的长度，又称为尾指数，ξ_p 越大，分布拖尾越长，尾部越厚。

3.2.1 操作风险度量的精度

在操作损失强度为重尾性分布的情况下，当以损失分布法度量该操作风险的复合分布的尾部风险时，在高置信度 α 下的操作风险价值 [the Operational VaR, $OpVaR(\alpha)$] 解析解如下 $^{[145-147]}$：

$$OpVaR_{\Delta t}(\alpha) \cong F^{-1}\Big[1 - \frac{1-\alpha}{EN(\Delta t)}\Big] \tag{3-1}$$

式中：Δt 表示估计 $OpVaR(\alpha)$ 的目标期间；α 表示由操作损失强度分布和损失频率分布复合成的复合分布的置信度；$F(\cdot)$ 表示操作损失强度累积分布函数；$EN(\Delta t)$ 表示当目标期间为 Δt 时操作损失频数的期望值 [为讨论方便，以下用符号 μ 替换 $EN(\Delta t)$]。

由（3-1）式，根据累积分布函数性质可知

$$0 \leqslant 1 - \frac{1-\alpha}{\mu} \leqslant 1$$

因此，有 $\dfrac{\mu}{1-\alpha} \geqslant 1$。

假设操作损失强度为 Pareto 分布：

$$F(x) = 1 - \Big(1 + \xi_p \frac{x}{\theta_p}\Big)^{-\frac{1}{\xi_p}} \qquad x > 0, \; \xi_p > 0, \; \theta_p > 0 \tag{3-2}$$

式中：x 表示操作损失强度；θ_p 表示 Pareto 分布尺度参数；ξ_p 表示 Pareto 分布形状参数。

将（3-2）式代入（3-1）式，可得

$$OpVaR_{\Delta t}(\alpha)_p \cong \frac{\theta_p}{\xi_p}\Big[\Big(\frac{\mu}{1-\alpha}\Big)^{\xi_p} - 1\Big] \qquad \xi_p > 0, \; \theta_p > 0, \; \mu \geqslant 0 \tag{3-3}$$

以下证明（3-3）式在前述条件下有意义：

因为

$$\frac{\mu}{1-\alpha} \geqslant 1 \text{ 且 } \xi_p > 0$$

则

$$\left(\frac{\mu}{1-\alpha}\right)^{\xi_p} \geqslant 1$$

所以

$$OpVaR_{\Delta t}(\alpha)_p \geqslant 0$$

即（3-3）式有意义。

无操作风险状态为：

当 $\frac{\mu}{1-\alpha} = 1$ 时，则

$$\left(\frac{\mu}{1-\alpha}\right)^{\xi_p} = 1$$

所以

$$OpVaR_{\Delta t}(\alpha)_p = 0$$

即理论上不存在操作风险。

一般操作风险状态为：当 $\frac{\mu}{1-\alpha} > 1$ 时，则

$$\left(\frac{\mu}{1-\alpha}\right)^{\xi_p} > 1$$

所以

$$OpVaR_{\Delta t}(\alpha)_p > 0$$

这是商业银行操作风险的一般状态，以下将探讨在该状态下操作风险的度量精度问题。

根据 Jack L. King（2001）和中华人民共和国国家质量技术监督局（1999）提出的数据和标准，给出不确定性传递系数定义如下：

定义 3-1　不确定性传递系数是指特征参数（ξ_p、θ_p、μ）的不确定度合成到 $OpVaR(\alpha)$ 的不确定度中去的比例。特征参数 ξ_p、θ_p、μ 的不确定性传递系数分别为[152]：

$$c_{\theta_p} = \frac{\partial OpVaR(\alpha)}{\partial \theta}$$

$$c_{\mu} = \frac{\partial OpVaR(\alpha)}{\partial \mu}$$

$$c_{\xi_p} = \frac{\partial OpVaR(\alpha)}{\partial \xi_p}$$

根据 $OpVaR(\alpha)$ 不确定度的合成机理[143,144,153]，特征参数 ξ_p、θ_p 与 μ 的标准差经不确定性传递系数的传递，合成 ξ_p 的标准差。因此，当不考虑 ξ_p、θ_p 与 μ 之间的相关性时，可得 $OpVaR(\alpha)$ 的标准差如下[152]：

$$\sigma_{OpVaR(\alpha)_p} = \sqrt{\left(\frac{\partial OpVaR}{\partial \theta_p}\right)^2 \sigma_{\theta_p}^2 + \left(\frac{\partial OpVaR}{\partial \mu}\right)^2 \sigma_{\mu}^2 + \left(\frac{\partial OpVaR}{\partial \xi_p}\right)^2 \sigma_{\xi_p}^2} \quad (3-4)$$

式中：$\frac{\partial OpVaR}{\partial \xi_p}$、$\frac{\partial OpVaR}{\partial \theta_p}$、$\frac{\partial OpVaR}{\partial \mu}$ 分别表示参数 ξ_p、θ_p 与 μ 的不确定性传递系数；σ_{ξ_p}、σ_{θ_p} 及 σ_{μ} 分别表示 ξ_p、θ_p 与 μ 的标准差。

由（3-4）式所得 $OpVaR(\alpha)_p$ 的标准差可知，$OpVaR(\alpha)_p$ 的置信区间为 $[OpVaR(\alpha)_p \pm \tau \sigma_{OpVaR}]$，其中 τ 为某一置信度下的置信系数。该置信区间长度衡量了操作风险度量的精度，因此，以下将对此进行研究。

3.2.2　操作风险度量精度及其灵敏度

$OpVaR(\alpha)_p$ 置信区间的长度表征了 $OpVaR(\alpha)_p$ 估计的精度，由两个量决定：置信系数 τ 和 $OpVaR(\alpha)_p$ 的标准差。置信系数 τ 由主观设定的置信度决定；$OpVaR(\alpha)_p$ 的标准差由分布特征参数标准差和不确定性传递系数共同决定。其中，分布特征参数的变化仅影响不确定性传递系数，因此，不确定性传递系数相对于特征参数（ξ_p、θ_p、μ）变化的灵敏度，反映了 $OpVaR(\alpha)_p$ 置信区间的长度相对于特征参数（ξ_p、θ_p、μ）变化的灵敏度。基于此，以下将通过分析不确定性传递系数相对于分布特征参数的灵敏度，探讨操作风险价值置信区间的长度的灵敏度，以探讨操作风险度量的精度变化规律：首先，以仿真分析方法对不确定性传递系数进行直接探讨；然后，以弹性分析方法探讨置信区间长度灵敏度。

3.2.2.1　不确定性传递系数的仿真分析

将（3-3）式代入定义3-1，可得

$$c_{\theta_p} = \frac{1}{\xi_p} \Big[\Big(\frac{\mu}{1-\alpha} \Big)^{\xi_p} - 1 \Big] \qquad (3-5)$$

$$c_{\mu} = \frac{\theta_p}{\mu} \Big(\frac{\mu}{1-\alpha} \Big)^{\xi_p} \qquad (3-6)$$

$$c_{\xi_p} = \frac{\theta_p}{\xi_p} \Big(\frac{\mu}{1-\alpha} \Big)^{\xi_p} \ln \frac{\mu}{1-\alpha} - \frac{\theta_p}{\xi_p^2} \Big[\Big(\frac{\mu}{1-\alpha} \Big)^{\xi_p} - 1 \Big] \qquad (3-7)$$

由（3-5）、（3-6）以及（3-7）式可知，不确定性传递系数（c_{θ_p}、c_{μ}、c_{ξ_p}）与分布特征参数 ξ_p、θ_p、μ 以及置信度 α 间呈现出非线性的复杂关系，该变化关系反映了操作风险价值置信区间长度与分布特征参数 ξ_p、θ_p、μ 以及置信度 α 间的灵敏度关系。以下将以仿真方法通过分析不确定性传递系数，对操作风险价值置信区间长度灵敏度进行初步探讨。

Marco Moscadelli（2004）[90] 对巴塞尔委员会所收集的操作损失数据进行了实证研究，所得操作损失频数期望值和当损失强度为 Pareto 分布时的特征参数值如表 3-1 所示。

表 3-1   操作损失分布特征参数 ξ_p、θ_p、μ 值

业务线	BL1	BL2	BL3	BL4	BL5	BL6	BL7	BL8
μ	1.8	7.4	13	4.7	3.92	4.29	2.6	8
θ_p	774	254	233	412	107	243	314	124
ξ_p	1.19	1.17	1.01	1.39	1.23	1.22	0.85	0.98

注：a. 表中参数 ξ_p、μ、θ_p 的数值来自 Marco Moscadelli（2004）[90] 的研究；b. 业务线 BL1-BL8 的分类是以新巴塞尔协议为分类标准的

在表 3-1 中分布特征参数 ξ_p、θ_p、μ 的变化范围内取最大值、最小值和中间值，如表 3-2 所示，作为仿真分析的数据取值点。

表 3-2   分布特征参数 ξ_p、θ_p、μ 取值

	ξ_p	θ_p	μ
曲线 L、L′ 及 L″	1.04	440	3.48
曲线 X_1、X'_1 及 X''_1	1.39	440	3.48
曲线 X_2、X'_2 及 X''_2	0.85	440	3.48

表3-2(续)

	ξ_p	θ_p	μ
曲线 C_1、C'_1 及 C''_2	1.04	774	3.48
曲线 C_2、C'_2 及 C''_2	1.04	107	3.48
曲线 P_1、P'_1 及 P''_1	1.04	440	13.00
曲线 P_2、P'_2 及 P''_2	1.04	440	1.80

根据公式（3-5），首先以表 3-1 中 ξ_p、θ_p、μ 的中间值为取值点得曲线 L'，再分别以最大值和最小值作为新的取值点，分别得出曲线 X'_1 和 X'_2、曲线 P'_1 和 P'_2，即得出 c_{θ_p} 的变化趋势图，如图 3-1。

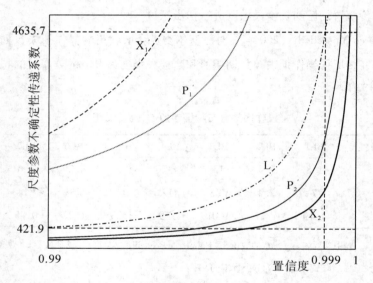

图 3-1　尺度参数的不确定性传递系数变化趋势图

根据公式（3-6），首先以表 3-2 中 ξ_p、θ_p、μ 的中间值为取值点得曲线 L''，再分别以最大值和最小值作为新的取值点，分别得出曲线 X''_1 和 X''_2、曲线 P''_1 和 P''_2，即得出 c_{μ} 的变化趋势图，如图 3-2。

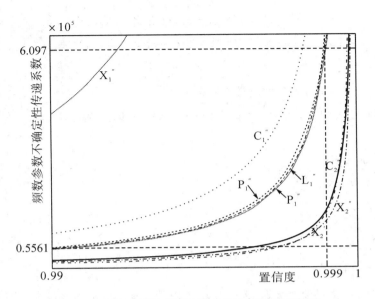

图 3-2　频数参数的不确定性传递系数变化趋势图

根据公式（3-7），首先以表 3-2 中 ξ_p、θ_p、μ 的中间值为取值点得曲线 L，再分别以最大值和最小值作为新的取值点，分别得出曲线 X_1 和 X_2、曲线 P_1 和 P_2，即得出 c_{ξ_p} 的变化趋势图，如图 3-3。

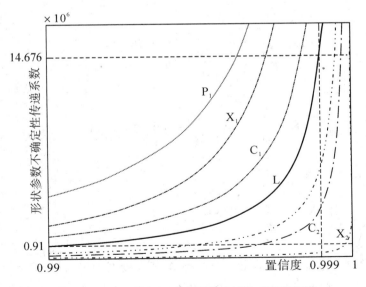

图 3-3　形状参数的不确定性传递系数变化趋势图

从图（3-1）、（3-2）以及（3-3）可看出，随 α 递增，c_{θ_p}、c_μ、c_{ξ_p} 都递增，当 $\alpha \to 1$ 时，$c_{\xi_p} \to +\infty$，$c_{\theta_p} \to +\infty$，$c_\mu \to +\infty$。归纳起来，c_{θ_p}、c_μ、c_{ξ_p} 的变化有如下特点[154]：

① c_{ξ_p} 相对于 α 变动的灵敏度最大

在曲线 L、L' 及 L" 上，当 α 为 99% 与 99.9% 时，对 c_{θ_p}、c_μ、c_{ξ_p} 进行比较如下：

$$\frac{c_{\xi_p}(99.9\%)}{c_{\xi_p}(99\%)} = 16.1275$$

$$\frac{c_{\theta_p}(99.9\%)}{c_{\theta_p}(99\%)} = 10.9877$$

$$\frac{c_\mu(99.9\%)}{c_\mu(99\%)} = 10.9639$$

显然，α 从 99% 变化到 99.9%，c_{ξ_p} 相对于 α 变动的灵敏度最大，即随 α 变化，ξ_p 对操作风险价值置信区间长度的影响最大。

② ξ_p 变动对 c_{θ_p}、c_μ、c_{ξ_p} 的影响最大

在图 3-3 中，当 $\alpha = 99.9\%$ 时，由表 3-2 中特征参数值可计算 c_{θ_p}、c_μ、c_{ξ_p} 的变动程度如下：

$$\frac{\frac{\Delta c_{\xi_p}}{c_{\xi_p}}}{\frac{\Delta \xi_p}{\xi_p}} = 82.2475, \quad \frac{\frac{\Delta c_{\xi_p}}{c_{\xi_p}}}{\frac{\Delta \theta_p}{\theta_p}} = 1, \quad \frac{\frac{\Delta c_{\xi_p}}{c_{\xi_p}}}{\frac{\Delta \mu}{\mu}} = 1.4756$$

$$\frac{\frac{\Delta c_\mu}{c_\mu}}{\frac{\Delta \xi_p}{\xi_p}} = 127.0944, \quad \frac{\frac{\Delta c_\mu}{c_\mu}}{\frac{\Delta \theta_p}{\theta_p}} = 1, \quad \frac{\frac{\Delta c_\mu}{c_\mu}}{\frac{\Delta \mu}{\mu}} = 0.0132$$

$$\frac{\frac{\Delta c_{\theta_p}}{c_{\theta_p}}}{\frac{\Delta \xi_p}{\xi_p}} = 77.1885, \quad \frac{\frac{\Delta c_{\theta_p}}{c_{\theta_p}}}{\frac{\Delta \mu}{\mu}} = 1.0960$$

比较以上计算结果可看出，当 ξ_p 或 θ_p 或 μ 变动 1% 时，形状参数对 c_{θ_p}、c_μ、c_{ξ_p} 的影响程度远大于另两个参数的影响。进一步，当 $\alpha = 99.9\%$ 时，以表

3-1 中特征参数值可得表 3-3。

表 3-3 　　　　　　　　　特征参数不确定性传递系数比较

业务线	c_{ξ_p}	c_{θ_p}	c_μ
BL1	8.09E+07	3.66E+06	1.42E+04
BL2	2.34E+07	1.02E+06	1.25E+04
BL3	5.61E+06	2.53E+05	3.40E+03
BL4	1.95E+08	1.01E+07	6.34E+04
BL5	1.39E+07	6.93E+05	1.77E+04
BL6	3.37E+07	1.49E+06	1.87E+04
BL7	2.87E+06	9.10E+04	1.29E+03
BL8	2.75E+06	1.05E+05	3.10E+03

由表 3-3 可知，c_{ξ_p} 远大于 c_{θ_p}、c_μ。因此，由上述分析可得出结论：当 α =99.9% 时，形状参数是操作风险价值置信区间长度的关键参数，形状参数越大，该置信区间越长。

3.2.2.2　理论探讨

上述内容以实证所得特征参数为研究范围，以仿真方法分析了特征参数（ξ_p、θ_p、μ）变化对不确定性传递系数的直接影响。但是，一方面，仿真方法分析结果不具有一般性；另一方面，ξ_p、θ_p、μ 的大小及变化范围差异很大，其变动的绝对值（$\Delta\xi_p$、$\Delta\theta_p$、$\Delta\mu$）所引起的 c_{θ_p}、c_μ、c_{ξ_p} 的变动（Δc_{θ_p}、Δc_μ、Δc_{ξ_p}），不能充分反应特征参数对 c_{θ_p}、c_μ、c_{ξ_p} 影响的灵敏度。因此，以特征参数的变动程度（$\Delta\xi_p/\xi_p$、$\Delta\theta_p/\theta_p$、$\Delta\mu/\mu$）所引起的特征参数不确定性传递系数的变动程度（$\Delta c_{\xi_p}/c_{\xi_p}$、$\Delta c_{\theta_p}/c_{\theta_p}$、$\Delta c_\mu/c_\mu$），来表示特征参数不确定性传递系数相对于特征参数（ξ_p、θ_p、μ）变动的弹性，即操作风险价值置信区间的长度（即度量精度）相对于特征参数变动的灵敏度。通过对该弹性的理论分析，即可在理论上对操作风险度量精度的变动趋势及其关键影响参数进行探讨。

定义 3-2　不确定性传递系数 c_i（i 分别为 ξ_p、θ_p、μ）的特征参数 ξ_p、θ_p、μ 弹性为

$$E^{c_i}_{\xi_p} = \lim_{\Delta\xi_p \to 0} \frac{\dfrac{\Delta c_i}{c_i}}{\dfrac{\Delta\xi_p}{\xi_p}}$$

$$E_{\theta_p}^{c_i} = \lim_{\Delta\theta_p \to 0} \frac{\dfrac{\Delta c_i}{c_i}}{\dfrac{\Delta \theta_p}{\theta_p}}$$

$$E_{\mu}^{c_i} = \lim_{\Delta\mu \to 0} \frac{\dfrac{\Delta c_i}{c_i}}{\dfrac{\Delta \mu}{\mu}}$$

即 c_i 变化的百分比与 ξ_p、θ_p、μ 变化的百分比的比值。

将（3-5）式代入定义 3-2 可得

$$E_{\theta_p}^{c_{\theta_p}} = 0 \tag{3-8}$$

$$E_{\xi_p}^{c_{\theta_p}} = \frac{\left(\dfrac{\mu}{1-\alpha}\right)^{\xi_p}}{\left(\dfrac{\mu}{1-\alpha}\right)^{\xi_p} - 1} \times \ln\left(\dfrac{\mu}{1-\alpha}\right)^{\xi_p} - 1 \tag{3-9}$$

$$E_{\mu}^{c_{\theta_p}} = \frac{\left(\dfrac{\mu}{1-\alpha}\right)^{\xi_p}}{\left(\dfrac{\mu}{1-\alpha}\right)^{\xi_p} - 1} \times \xi_p \tag{3-10}$$

$E_{\theta_p}^{c_{\theta_p}} = 0$ 表明损失强度分布离散程度的变动不影响 c_{θ_p}。由（3-9）式和（3-10）式可知，$E_{\xi_p}^{c_{\theta_p}}$、$E_{\mu}^{c_{\theta_p}}$ 都与 θ_p 无关，表明损失强度分布离散程度的变动不影响 c_{θ_p} 相对于特征参数 ξ_p、μ 变动的灵敏度，因此，影响 c_{θ_p} 灵敏度的参数仅为 ξ_p 或 μ，以下给出其影响的一般规律。

命题 3-1 在前述假定下，存在

（1）$\dfrac{\partial E_{\xi_p}^{c_{\theta_p}}}{\partial \alpha} > 0$，$\dfrac{\partial E_{\mu}^{c_{\theta_p}}}{\partial \alpha} < 0$，当 $\alpha \to 1$ 时，$E_{\xi_p}^{c_{\theta_p}} \to +\infty$，$E_{\mu}^{c_{\theta_p}} \to \xi_p$；

（2）$E_{\xi_p}^{c_{\theta_p}} > 0$，$\dfrac{\partial E_{\xi_p}^{c_{\theta_p}}}{\partial \xi_p} > 0$，$\dfrac{\partial E_{\xi_p}^{c_{\theta_p}}}{\partial \mu} > 0$；$E_{\mu}^{c_p} > 0$，$\dfrac{\partial E_{\mu}^{c_{\theta_p}}}{\partial \xi_p} > 0$，$\dfrac{\partial E_{\mu}^{c_{\theta_p}}}{\partial \mu} < 0$；

（3）当 $\xi_p \left(\dfrac{\mu}{1-\alpha}\right)^{\xi_p} \left(\ln\dfrac{\mu}{1-\alpha} - 1\right) / \left[\left(\dfrac{\mu}{1-\alpha}\right)^{\xi_p} - 1\right] \geqslant 1$ 时，$E_{\xi_p}^{c_{\theta_p}} \geqslant E_{\mu}^{c_{\theta_p}}$；反之，$E_{\xi_p}^{c_{\theta_p}} < E_{\mu}^{c_{\theta_p}}$。

证明 首先证明（1）。根据（3-9）式，可得

$$\frac{\partial E_{\xi_p}^{c_{R}}}{\partial \alpha} = \frac{\xi_p \left(\frac{\mu}{1-\alpha}\right)^{\xi_p}}{\left[\left(\frac{\mu}{1-\alpha}\right)^{\xi_p} - 1\right]^2 (1-\alpha)} \times \left[\left(\frac{\mu}{1-\alpha}\right)^{\xi_p} - \ln\left(\frac{\mu}{1-\alpha}\right)^{\xi_p} - 1\right]$$

$$(3-11)$$

令 $t = \left(\frac{\mu}{1-\alpha}\right)^{\xi_p}$，记

$$h(t) = \left(\frac{\mu}{1-\alpha}\right)^{\xi_p} - \ln\left(\frac{\mu}{1-\alpha}\right)^{\xi_p} - 1 = t - \ln t - 1$$

因为 $t > 1$，则

$$h'(t) = 1 - \frac{1}{t} > 0$$

即 $h(t)$ 为单调递增函数，因 $t > 1$，则

$$h(t) > 0$$

又因为

$$\xi_p \left(\frac{\mu}{1-\alpha}\right)^{\xi_p} > 0$$

$$\left[\left(\frac{\mu}{1-\alpha}\right)^{\xi_p} - 1\right]^2 (1-\alpha) > 0$$

所以 $\frac{\partial E_{\xi_p}^{c_{R}}}{\partial \alpha} > 0$ 成立。

由 (3-10) 式可得

$$\frac{\partial E_{\mu}^{c_{R}}}{\partial \alpha} = -\frac{\xi^2 \left(\frac{\mu}{1-\alpha}\right)^{\xi_p}}{\left[\left(\frac{\mu}{1-\alpha}\right)^{\xi_p} - 1\right]^2 (1-\alpha)}$$

$$(3-12)$$

因为

$$\xi_p^2 \left(\frac{\mu}{1-\alpha}\right)^{\xi_p} > 0$$

$$\left[\left(\frac{\mu}{1-\alpha}\right)^{\xi_p} - 1\right]^2 (1-\alpha) > 0$$

所以 $\frac{\partial E_{\mu}^{c_{R}}}{\partial \alpha} < 0$ 成立。

再由 (3-9) 式可知

$$\lim_{\alpha \to 1} E_{\xi_p}^{c_{R_r}} = \lim_{\alpha \to 1} \left[\frac{\left(\frac{\mu}{1-\alpha} \right)^{\xi_p}}{\left(\frac{\mu}{1-\alpha} \right)^{\xi_p} - 1} \times \ln \left(\frac{\mu}{1-\alpha} \right)^{\xi_p} - 1 \right] = +\infty$$

即，当 $\alpha \to 1$ 时，$E_{\xi_p}^{c_{R_r}} \to +\infty$ 成立。

再根据 (3-10) 式可知

$$\lim_{\alpha \to 1} E_{\mu}^{c_{R_r}} = \lim_{\alpha \to 1} \frac{\xi_p \left(\frac{\mu}{1-\alpha} \right)^{\xi_p}}{\left(\frac{\mu}{1-\alpha} \right)^{\xi_p} - 1} = \xi_p$$

即，当 $\alpha \to 1$ 时，$E_{\mu}^{c_{R_r}} \to \xi_p$ 成立。

对于 (2)，令 $t = \left(\frac{\mu}{1-\alpha} \right)^{\xi_p}$，根据 (3-9) 式，有

$$E_{\xi_p}^{c_{R_r}} = \frac{t\ln t - t + 1}{t - 1}$$

记

$$f(t) = t\ln t - t + 1$$

则有

$$f'(t) = \ln t$$

因 $t > 1$ （前述分析结果），则

$$f'(t) > 0$$

即 $f(t)$ 单调递增，因 $t > 1$，则

$$f(t) > 0$$

所以

$$E_{\xi_p}^{c_{R_r}} = \frac{t\ln t - t + 1}{t - 1} > 0 \text{ 成立。}$$

再由 (3-9) 式可得：

$$\frac{\partial E_{\xi_p}^{c_{R_r}}}{\partial \xi_p} = \frac{\left(\frac{\mu}{1-\alpha} \right)^{\xi_p} \ln \frac{\mu}{1-\alpha}}{\left[\left(\frac{\mu}{1-\alpha} \right)^{\xi_p} - 1 \right]^2} \times \left[\left(\frac{\mu}{1-\alpha} \right)^{\xi_p} - \ln \left(\frac{\mu}{1-\alpha} \right)^{\xi_p} - 1 \right] \quad (3-13)$$

$$\frac{\partial E^{c_{\theta_i}}_{\xi_p}}{\partial \mu} = \frac{\xi_p \left(\frac{\mu}{1-\alpha}\right)^{\xi_p}}{\mu \left[\left(\frac{\mu}{1-\alpha}\right)^{\xi_p} - 1\right]^2} \times \left[\left(\frac{\mu}{1-\alpha}\right)^{\xi_p} - \ln\left(\frac{\mu}{1-\alpha}\right)^{\xi_p} - 1\right] \quad (3-14)$$

由前述分析已知

$$\left(\frac{\mu}{1-\alpha}\right)^{\xi_p} - \ln\left(\frac{\mu}{1-\alpha}\right)^{\xi_p} - 1 > 0$$

又因

$$\frac{\mu}{1-\alpha} > 1 \text{ 且} \left(\frac{\mu}{1-\alpha}\right)^{\xi_p} > 1$$

所以

$$\left(\frac{\mu}{1-\alpha}\right)^{\xi_p} \ln\frac{\mu}{1-\alpha} > 0 \text{ 且} \left[\left(\frac{\mu}{1-\alpha}\right)^{\xi_p} - 1\right]^2 > 0$$

所以，$\frac{\partial E^{c_{\theta_i}}_{\xi_p}}{\partial \xi_p} > 0$ 以及 $\frac{\partial E^{c_{\theta_i}}_{\xi_p}}{\partial \mu} > 0$ 成立。

根据（3-10）式可知，因为

$$\left(\frac{\mu}{1-\alpha}\right)^{\xi_p} > 1 \text{ 且} \xi_p > 0$$

所以

$$E^{c_{\theta_i}}_{\mu} = \frac{\left(\frac{\mu}{1-\alpha}\right)^{\xi_p}}{\left(\frac{\mu}{1-\alpha}\right)^{\xi_p} - 1} \times \xi_p > 0 \text{ 成立。}$$

再由（3-10）式可得

$$\frac{\partial E^{c_{\theta_i}}_{\mu}}{\partial \xi_p} = \frac{\left(\frac{\mu}{1-\alpha}\right)^{\xi_p}}{\left[\left(\frac{\mu}{1-\alpha}\right)^{\xi_p} - 1\right]^2} \times \left[\left(\frac{\mu}{1-\alpha}\right)^{\xi_p} - \ln\left(\frac{\mu}{1-\alpha}\right)^{\xi_p} - 1\right] \quad (3-15)$$

$$\frac{\partial E^{c_{\theta_i}}_{\mu}}{\partial \mu} = -\frac{\xi_p^2 \left(\frac{\mu}{1-\alpha}\right)^{\xi_p}}{\mu \left[\left(\frac{\mu}{1-\alpha}\right)^{\xi_p} - 1\right]^2} \quad (3-16)$$

前述分析已知

$$\left(\frac{\mu}{1-\alpha}\right)^{\xi_p} - \ln\left(\frac{\mu}{1-\alpha}\right)^{\xi_p} - 1 > 0$$

又因

$$\left(\frac{\mu}{1-\alpha}\right)^{\xi_p} > 1 \text{ 且 } \left[\left(\frac{\mu}{1-\alpha}\right)^{\xi_p} - 1\right]^2 > 0$$

所以 $\dfrac{\partial E_\mu^{c_{\theta_p}}}{\partial \xi_p} > 0$ 以及 $\dfrac{\partial E_\mu^{c_{\theta_p}}}{\partial \mu} < 0$ 成立。

对于（3），根据

$$E_{\xi_p} - E_\mu = \frac{\xi_p \left(\frac{\mu}{1-\alpha}\right)^{\xi_p} \left(\ln \frac{\mu}{1-\alpha} - 1\right)}{\left(\frac{\mu}{1-\alpha}\right)^{\xi_p} - 1} - 1$$

可知：当

$$\frac{\xi_p \left(\frac{\mu}{1-\alpha}\right)^{\xi_p} \left(\ln \frac{\mu}{1-\alpha} - 1\right)}{\left(\frac{\mu}{1-\alpha}\right)^{\xi_p} - 1} \geqslant 1$$

时，存在 $E_{\xi_p}^{c_{\theta_p}} \geqslant E_\mu^{c_{\theta_p}}$；反之，$E_{\xi_p}^{c_{\theta_p}} < E_\mu^{c_{\theta_p}}$。

命题 3-1 给出了影响 c_{θ_p} 的两方面因素：

其一，置信度 α 的影响。置信度 α 的变动使 $E_{\xi_p}^{c_{\theta_p}}$ 与 $E_\mu^{c_{\theta_p}}$ 呈现反向的变动趋势。且在高置信度下，$E_{\xi_p}^{c_{\theta_p}}$（c_{θ_p} 相对于 ξ_p 变动的灵敏度）是一不确定的极大值，而 $E_\mu^{c_{\theta_p}}$（c_{θ_p} 相对于 μ 变动的灵敏度）趋于确定值 ξ_p，这表明在高置信度下 ξ_p 对 $E_\mu^{c_{\theta_p}}$ 具有决定性作用。

其二，特征参数 ξ_p、μ 的影响。ξ_p 的递增不仅使 c_{θ_p} 递增，而且使 $E_{\xi_p}^{c_{\theta_p}}$ 与 $E_\mu^{c_{\theta_p}}$ 都递增，这表明 ξ_p 影响 c_{θ_p} 的强度递增。μ 的递增使 c_{θ_p} 递增，使 $E_{\xi_p}^{c_{\theta_p}}$ 递增，但使 $E_\mu^{c_{\theta_p}}$ 递减，这表明 μ 影响 c_{θ_p} 的强度大小不确定，取决于对 $E_{\xi_p}^{c_{\theta_p}}$ 与 $E_\mu^{c_{\theta_p}}$ 的影响程度的相对大小。

进一步，根据命题 3-1 可判断 $E_{\xi_p}^{c_{\theta_p}}$ 与 $E_\mu^{c_{\theta_p}}$ 间的相对大小，由此可知影响 c_{θ_p} 的关键分布特征参数。

将（3-6）式代入定义 3-2，可得

$$E_{\theta_p}^{c_p} = 1 \tag{3-17}$$

$$E_{\xi_p}^{c_\mu} = \ln \left(\frac{\mu}{1-\alpha} \right)^{\xi_p} \qquad (3-18)$$

$$E_\mu^{c_\mu} = \xi_p - 1 \qquad (3-19)$$

$E_{\theta_p}^{c_\mu} = 1$ 表明 c_μ 相对于损失强度分布离散程度变动的灵敏度始终为单位 1，θ_p 变动 1%，c_μ 变动始终为 1%。（3-18）式表明 $E_{\xi_p}^{c_\mu}$ 与 θ_p 无关，即损失强度分布离散程度的变动不影响 c_μ 相对于尾指数变动的灵敏度；（3-19）式表明 $E_\mu^{c_\mu}$ 与 θ_p、μ、α 无关，仅由 ξ_p 决定。

命题 3-2　在前述假定下，

（1）$\dfrac{\partial E_{\xi_p}^{c_\mu}}{\partial \alpha} > 0$；当 $\alpha \to 1$ 时，$E_{\xi_p}^{c_\mu} \to +\infty$；

（2）$E_{\xi_p}^{c_\mu} > 0$，$\dfrac{\partial E_{\xi_p}^{c_\mu}}{\partial \xi_p} > 0$，$\dfrac{\partial E_{\xi_p}^{c_\mu}}{\partial \mu} > 0$；当 $\xi_p \geqslant 1$ 时，$E_\mu^{c_\mu} \geqslant 0$，反之，$E_\mu^{c_\mu} < 0$；

$\dfrac{\partial E_\mu^{c_\mu}}{\partial \xi_p} = 1$，$\dfrac{\partial E_\mu^{c_\mu}}{\partial \mu} = 0$；

（3）若 $\mu > e(1-\alpha)$，则 $E_{\xi_p}^{c_\mu} > E_\mu^{c_\mu}$；若 $1-\alpha < \mu < e(1-\alpha)$，则，当 $\xi_p \leqslant \left(1 - \ln \dfrac{\mu}{1-\alpha}\right)^{-1}$ 时，$E_{\xi_p}^{c_\mu} \geqslant E_\mu^{c_\mu}$，反之，$E_{\xi_p}^{c_\mu} < E_\mu^{c_\mu}$。

证明　首先证明（1）。由（3-18）式，因 $\xi_p > 0$，则

$$\frac{\partial E_{\xi_p}^{c_\mu}}{\partial \alpha} = \frac{\xi_p}{1-\alpha} > 0 \text{ 成立。}$$

再由（3-18）式可得

$$\lim_{\alpha \to 1} E_{\xi_p}^{c_\mu} = \lim_{\alpha \to 1} \ln \left(\frac{\mu}{1-\alpha} \right)^{\xi_p} = +\infty$$

即当 $\alpha \to 1$ 时，$E_{\xi_p}^{c_\mu} \to +\infty$

对于（2），由（3-18）式，因 $\left(\dfrac{\mu}{1-\alpha} \right)^{\xi_p} > 1$，则 $E_{\xi_p}^{c_\mu} > 0$ 成立。

再（3-18）式，因 $\xi_p > 0$ 且 $\mu > 1-\alpha$，则

$$\frac{\partial E_{\xi_p}^{c_\mu}}{\partial \xi_p} = \ln \frac{\mu}{1-\alpha} > 0$$

$$\frac{\partial E_{\xi_p}^{c_\mu}}{\partial \mu} = \frac{\xi_p}{\mu} > 0$$

所以 $\dfrac{\partial E_{\xi_p}^{c_p}}{\partial \xi_p} > 0$、$\dfrac{\partial E_{\xi_p}^{c_p}}{\partial \mu} > 0$ 成立。

由（3-19）式可知，当 $\xi_p \geqslant 1$ 时，$E_\mu^{c_p} \geqslant 0$；反之，$E_\mu^{c_p} < 0$。

再由（3-19）式可得

$$\frac{\partial E_\mu^{c_p}}{\partial \xi_p} = \frac{\partial}{\partial \xi_p}(\xi_p - 1) = 1$$

$$\frac{\partial E_\mu^{c_p}}{\partial \mu} = \frac{\partial}{\partial \mu}(\xi_p - 1) = 0$$

所以 $\dfrac{\partial E_\mu^{c_p}}{\partial \xi_p} = 1$ 和 $\dfrac{\partial E_\mu^{c_p}}{\partial \mu} = 0$ 成立。

对于（3），根据

$$E_{\xi_p}^{c_p} - E_\mu^{c_p} = \xi_p(\ln \frac{\mu}{1-\alpha} - 1) + 1$$

可知：因 $\xi_p > 0$，若 $\ln \dfrac{\mu}{1-\alpha} - 1 \geqslant 0$，即 $\mu > e(1-\alpha)$，则

$$E_{\xi_p}^{c_p} - E_\mu^{c_p} = \xi_p(\ln \frac{\mu}{1-\alpha} - 1) + 1 > 0$$

即有 $E_{\xi_p}^{c_p} > E_\mu^{c_p}$。

若 $\ln \dfrac{\mu}{1-\alpha} - 1 < 0$ 且 $\mu > 1 - \alpha$，即 $1 - \alpha < \mu < e(1-\alpha)$，则，当 $\xi_p \leqslant$

$(1 - \ln \dfrac{\mu}{1-\alpha})^{-1}$ 时，$E_{\xi_p}^{c_p} \geqslant E_\mu^{c_p}$；反之，$E_{\xi_p}^{c_p} < E_\mu^{c_p}$。

命题 3-2 给出了影响 c_μ 的两方面因素：

其一，置信度 α 的影响。α 的变动仅影响 $E_{\xi_p}^{c_p}$，不影响 $E_\mu^{c_p}$ 与 $E_{\theta_p}^{c_p}$。随 α 递增，$E_{\xi_p}^{c_p}$（c_μ 相对于 ξ_p 变动的灵敏度）递增，当在高置信度下，该灵敏度趋于一不确定的极大值（$+\infty$）。

其二，特征参数 ξ_p、μ 的影响。ξ_p 递增不仅使 c_μ 递增，而且使 $E_{\xi_p}^{c_p}$ 与 $E_{\theta_p}^{c_p}$ 都递增，这表明 ξ_p 影响 c_μ 的强度递增。μ 使 c_μ 变动的方向取决于 ξ_p 的大小，且 μ 的递增使 $E_{\xi_p}^{c_p}$ 递增，而不影响 $E_\mu^{c_p}$。$E_\mu^{c_p}$ 仅由 ξ_p 决定。

进一步，由命题 3-2 可判断 $E_{\xi_p}^{c_p}$ 与 $E_\mu^{c_p}$ 间的相对大小，并由此可知影响 c_μ 的关键分布特征参数。

将（3-7）式代入定义 3-2，可得

$$E_{\theta_p}^{c_{\xi_p}} = 1 \qquad (3-20)$$

$$E_{\xi_p}^{c_{\xi_p}} = \frac{\left(\dfrac{\mu}{1-\alpha}\right)^{\xi_p}\left[\ln\left(\dfrac{\mu}{1-\alpha}\right)^{\xi_p}\right]^2}{\left(\dfrac{\mu}{1-\alpha}\right)^{\xi_p}\ln\left(\dfrac{\mu}{1-\alpha}\right)^{\xi_p} - \left(\dfrac{\mu}{1-\alpha}\right)^{\xi_p} + 1} - 2 \qquad (3-21)$$

$$E_{\mu}^{c_{\xi_p}} = \frac{\xi_p\left(\dfrac{\mu}{1-\alpha}\right)^{\xi_p}\ln\left(\dfrac{\mu}{1-\alpha}\right)^{\xi_p}}{\left(\dfrac{\mu}{1-\alpha}\right)^{\xi_p}\ln\left(\dfrac{\mu}{1-\alpha}\right)^{\xi_p} - \left(\dfrac{\mu}{1-\alpha}\right)^{\xi_p} + 1} \qquad (3-22)$$

$E_{\theta_p}^{c_{\xi_p}} = 1$ 表明 c_{ξ_p} 相对于损失强度分布离散程度变动的灵敏度始终为单位 1，即 η 变动 1%，c_{ξ_p} 变动始终为 1%。（3-21）式和（3-22）式表明，$E_{\xi_p}^{c_{\xi_p}}$ 和 $E_{\mu}^{c_{\xi_p}}$ 都与 θ_p 无关，仅由 ξ_p、μ 以及 α 决定，以下将给出其影响规律。

命题 3-3 在前述假定下，存在

（1）$\dfrac{\partial E_{\xi_p}^{c_{\xi_p}}}{\partial \alpha} > 0$，$\dfrac{\partial E_{\mu}^{c_{\xi_p}}}{\partial \alpha} < 0$，当 $\alpha \to 1$ 时，$E_{\xi_p}^{c_{\xi_p}} \to +\infty$，$E_{\mu}^{c_{\xi_p}} \to \xi_p$；

（2）$E_{\xi_p}^{c_{\xi_p}} > 0$，$\dfrac{\partial E_{\xi_p}^{c_{\xi_p}}}{\partial \xi_p} > 0$，$\dfrac{\partial E_{\xi_p}^{c_{\xi_p}}}{\partial \mu} > 0$；$E_{\mu}^{c_{\xi_p}} > 0$，$\dfrac{\partial E_{\mu}^{c_{\xi_p}}}{\partial \xi_p} > 0$，$\dfrac{\partial E_{\mu}^{c_{\xi_p}}}{\partial \mu} < 0$；

（3）当 $1-\alpha < \mu < e(1-\alpha)$ 时，$E_{\xi_p}^{c_{\xi_p}} < E_{\mu}^{c_{\xi_p}}$；若 $\mu > e(1-\alpha)$，则，当 $E_{\xi_p}^{c_{\xi_p}}$

$\geqslant 2\left[\ln\dfrac{\Lambda}{(1-\alpha)e}\right]^{-1}$ 时，$E_{\xi_p}^{c_{\xi_p}} \geqslant E_{\mu}^{c_{\xi_p}}$，反之，$E_{\xi_p}^{c_{\xi_p}} < E_{\mu}^{c_{\xi_p}}$。

证明 首先证明（1）。由（3-21）式得

$$\frac{E_{\xi_p}^{c_{\xi_p}}}{\partial \alpha} = \frac{\xi_p\left(\dfrac{\mu}{1-\alpha}\right)^{\xi_p}\ln\left(\dfrac{\mu}{1-\alpha}\right)^{\xi_p}\left[\left(\dfrac{\mu}{1-\alpha}\right)^{\xi_p}\ln\left(\dfrac{\mu}{1-\alpha}\right)^{\xi_p} + \ln\left(\dfrac{\mu}{1-\alpha}\right)^{\xi_p} - 2\left(\dfrac{\mu}{1-\alpha}\right)^{\xi_p} + 2\right]}{\left[\left(\dfrac{\mu}{1-\alpha}\right)^{\xi_p}\ln\left(\dfrac{\mu}{1-\alpha}\right)^{\xi_p} - \left(\dfrac{\mu}{1-\alpha}\right)^{\xi_p} + 1\right]^2(1-\alpha)}$$

$$(3-23)$$

令 $t = \left(\dfrac{\mu}{1-\alpha}\right)^{\xi_p}$，则有

$$\frac{\partial E_{\xi_p}^{c_{\xi_p}}}{\partial \alpha} = \frac{\xi_p t \ln t(t\ln t + \ln t - 2t + 2)}{(t\ln t - t + 1)^2(1-\alpha)}$$

记 $s(t) = t\ln t + \ln t - 2t + 2$，则有

$$s'(t) = \ln t - 1 + \frac{1}{t}$$

$$s''(t) = \frac{1}{t} - \frac{1}{t^2} > 0$$

因 $t > 1$，则

$$s'(t) = \ln t - 1 + \frac{1}{t} > s'(1) = 0$$

即 $s(t)$ 单调递增，则

$$s(t) = t\ln t + \ln t - 2t + 2 > s(1) = 0$$

所以 $\dfrac{\partial E_{\xi_p}^{c_{t_i}}}{\partial \alpha} > 0$ 成立。

由（3-22）式得

$$\frac{E_{\mu}^{c_{t_i}}}{\partial \alpha} = - \frac{\xi_p^2 \left(\dfrac{\mu}{1-\alpha}\right)^{\xi_p} \left[\left(\dfrac{\mu}{1-\alpha}\right)^{\xi_p} - \ln\left(\dfrac{\mu}{1-\alpha}\right)^{\xi_p} - 1\right]}{\left[\left(\dfrac{\mu}{1-\alpha}\right)^{\xi_p} \ln\left(\dfrac{\mu}{1-\alpha}\right)^{\xi_p} - \left(\dfrac{\mu}{1-\alpha}\right)^{\xi_p} + 1\right]^2 (1-\alpha)} \tag{3-24}$$

前述分析已知

$$\left(\frac{\mu}{1-\alpha}\right)^{\xi_p} - \ln\left(\frac{\mu}{1-\alpha}\right)^{\xi_p} - 1 > 0$$

所以 $\dfrac{\partial E_{\mu}^{c_{t_i}}}{\partial \alpha} < 0$ 成立。

再由（3-21）式可得

$$\lim_{\alpha \to 1} E_{\xi_p}^{c_{t_i}} = +\infty$$

所以，当 $\alpha \to 1$ 时，$E_{\xi_p}^{c_{t_i}} \to +\infty$ 成立。

再由（3-22）式

$$\lim_{\alpha \to 1} E_{\mu}^{c_{t_i}} = \xi_p$$

所以，当 $\alpha \to 1$ 时，$E_{\mu}^{c_{t_i}} \to \xi_p$ 成立。

对于（2），根据（3-21）式，有

$$E_{\xi_p}^{c_{t_i}} = \frac{t(\ln t)^2 - 2(t\ln t - t + 1)}{t\ln t - t + 1}$$

记 $d(t) = t(\ln t)^2 - 2(t\ln t - t + 1)$，因 $t > 1$，则

$$d'(t) = (\ln t)^2 > d'(1) = 0$$

即 $h(t)$ 单调递增，则 $d(t) > d(1) = 0$；又因 $t\ln t - t + 1 > 0$（前述分析已证明），所以 $E_{\xi_p}^{c_{t_i}} > 0$ 成立。

再由（3-21）式得

$$\frac{E_{\xi_p}^{c_{t_i}}}{\partial \xi_p} = \frac{2\left(\frac{\mu}{1-\alpha}\right)^{\xi_p} \ln\left(\frac{\mu}{1-\alpha}\right)^{\xi_p} \left[\left(\frac{\mu}{1-\alpha}\right)^{\xi_p} \ln\left(\frac{\mu}{1-\alpha}\right)^{\xi_p} + \ln\left(\frac{\mu}{1-\alpha}\right)^{\xi_p} - 2\left(\frac{\mu}{1-\alpha}\right)^{\xi_p} + 2\right]}{\left[\left(\frac{\mu}{1-\alpha}\right)^{\xi_p} \ln\left(\frac{\mu}{1-\alpha}\right)^{\xi_p} - \left(\frac{\mu}{1-\alpha}\right)^{\xi_p} + 1\right]^2}$$

$$(3-25)$$

$$\frac{E_{\xi_p}^{c_{t_i}}}{\partial \mu} = \frac{\xi_p \left(\frac{\mu}{1-\alpha}\right)^{\xi_p} \ln\left(\frac{\mu}{1-\alpha}\right)^{\xi_p} \left[\left(\frac{\mu}{1-\alpha}\right)^{\xi_p} \ln\left(\frac{\mu}{1-\alpha}\right)^{\xi_p} + \ln\left(\frac{\mu}{1-\alpha}\right)^{\xi_p} - 2\left(\frac{\mu}{1-\alpha}\right)^{\xi_p} + 2\right]}{\mu \left[\left(\frac{\mu}{1-\alpha}\right)^{\xi_p} \ln\left(\frac{\mu}{1-\alpha}\right)^{\xi_p} - \left(\frac{\mu}{1-\alpha}\right)^{\xi_p} + 1\right]^2}$$

$$(3-26)$$

由前述证明知：

$$\left(\frac{\mu}{1-\alpha}\right)^{\xi_p} \ln\left(\frac{\mu}{1-\alpha}\right)^{\xi_p} + \ln\left(\frac{\mu}{1-\alpha}\right)^{\xi_p} - 2\left(\frac{\mu}{1-\alpha}\right)^{\xi_p} + 2 > 0$$

又因 $\left(\frac{\mu}{1-\alpha}\right)^{\xi_p} > 1$，则 $\frac{E_{\xi_p}^{c_{t_i}}}{\partial \xi_p} > 0$ 成立。同理，可证 $\frac{E_{\xi_p}^{c_{t_i}}}{\partial \mu} > 0$ 成立。

根据（3-22）式，因 $t > 1$ 且 $t\ln t - t + 1 > 0$，则 $E_\mu^{c_{t_i}} > 0$ 成立。

再由（3-22）式得

$$\frac{E_\mu^{c_{t_i}}}{\partial \xi_p} = \frac{\left(\frac{\mu}{1-\alpha}\right)^{\xi_p} \ln\left(\frac{\mu}{1-\alpha}\right)^{\xi_p} \left[\left(\frac{\mu}{1-\alpha}\right)^{\xi_p} \ln\left(\frac{\mu}{1-\alpha}\right)^{\xi_p} + \ln\left(\frac{\mu}{1-\alpha}\right)^{\xi_p} - 2\left(\frac{\mu}{1-\alpha}\right)^{\xi_p} + 2\right]}{\left[\left(\frac{\mu}{1-\alpha}\right)^{\xi_p} \ln\left(\frac{\mu}{1-\alpha}\right)^{\xi_p} - \left(\frac{\mu}{1-\alpha}\right)^{\xi_p} + 1\right]^2}$$

$$(3-27)$$

$$\frac{E_\mu^{c_{t_i}}}{\partial \mu} = -\frac{\xi_p^2 \left(\frac{\mu}{1-\alpha}\right)^{\xi_p} \left[\left(\frac{\mu}{1-\alpha}\right)^{\xi_p} - \ln\left(\frac{\mu}{1-\alpha}\right)^{\xi_p} - 1\right]}{\mu \left[\left(\frac{\mu}{1-\alpha}\right)^{\xi_p} \ln\left(\frac{\mu}{1-\alpha}\right)^{\xi_p} - \left(\frac{\mu}{1-\alpha}\right)^{\xi_p} + 1\right]^2} \qquad (3-28)$$

由前述证明知：

$$\left(\frac{\mu}{1-\alpha}\right)^{\xi_p} \ln\left(\frac{\mu}{1-\alpha}\right)^{\xi_p} + \ln\left(\frac{\mu}{1-\alpha}\right)^{\xi_p} - 2\left(\frac{\mu}{1-\alpha}\right)^{\xi_p} + 2 > 0$$

又因 $\left(\dfrac{\mu}{1-\alpha}\right)^{\xi_p} > 1$，则 $\dfrac{E_\mu^{c_{l_t}}}{\partial \xi_p} > 0$ 成立。

由前述证明知：

$$\left(\frac{\mu}{1-\alpha}\right)^{\xi_p} - \ln\left(\frac{\mu}{1-\alpha}\right)^{\xi_p} - 1 > 0$$

又因 $\left(\dfrac{\mu}{1-\alpha}\right)^{\xi_p} > 1$，则 $\dfrac{E_\mu^{c_{l_t}}}{\partial \mu} < 0$ 成立。

对于（3），根据 $E_{\xi_p}^{c_{l_t}} - E_\mu^{c_{l_t}} = E_{\xi_p}^{c_{l_t}}\left[1 - \left(\ln\dfrac{\mu}{1-\alpha}\right)^{-1}\right] - 2\left(\ln\dfrac{\mu}{1-\alpha}\right)^{-1}$ 知：

因为 $\mu > 1-\alpha$，所以若 $1 - \left(\ln\dfrac{\mu}{1-\alpha}\right)^{-1} < 0$，即 $1-\alpha < \mu < e(1-\alpha)$，则

$$E_{\xi_p}^{c_{l_t}}\left[1 - \left(\ln\frac{\mu}{1-\alpha}\right)^{-1}\right] - 2\left(\ln\frac{\mu}{1-\alpha}\right)^{-1} < 0$$

有 $E_{\xi_p}^{c_{l_t}} < E_\mu^{c_{l_t}}$ 成立；

若 $1 - \left(\ln\dfrac{\mu}{1-\alpha}\right)^{-1} > 0$，即 $\mu > e(1-\alpha)$，则当 $E_{\xi_p}^{c_{l_t}} \geqslant 2\left[\ln\dfrac{\Lambda}{(1-\alpha)e}\right]^{-1}$ 时，$E_{\xi_p}^{c_{l_t}} \geqslant E_\mu^{c_{l_t}}$；反之，$E_{\xi_p}^{c_{l_t}} < E_\mu^{c_{l_t}}$。

命题 3-3 给出了影响 c_μ 的两方面因素：

其一，置信度 α 的影响。α 的变动使 $E_{\xi_p}^{c_{l_t}}$ 与 $E_\mu^{c_{l_t}}$ 发生相反方向的变动。在高置信度下，$E_{\xi_p}^{c_{l_t}}$ 趋向于不确定的极大值，而 $E_\mu^{c_{l_t}}$ 趋向于确定值 ξ_p。这表明高置信度下，ξ_p 的大小对 $E_\mu^{c_{l_t}}$ 有决定性的影响。

其二，特征参数 ξ_p、μ 的影响。ξ_p 的递增不仅使 c_{ξ_p} 递增，而且使 $E_{\xi_p}^{c_{l_t}}$ 与 $E_\mu^{c_{l_t}}$ 递增，这表明 ξ_p 递增对 c_{ξ_p} 的影响强度增强。μ 的递增尽管使 c_μ 递增，但是使 $E_\mu^{c_{l_t}}$ 递减，这表明 μ 递增对 c_{ξ_p} 的影响强度减弱。

进一步，由命题 3-3 可判断 $E_{\xi_p}^{c_{l_t}}$ 与 $E_\mu^{c_{l_t}}$ 间的相对大小，由此可知 ξ_p、μ 对 ξ_p 影响程度的相对大小。

通过上述对不确定性传递系数灵敏度的理论探讨可知，在高置信度 α 下，不确定性传递系数 c_{θ_ρ}、c_μ、c_{ξ_p} 变动的趋势及其关键影响参数可由命题 3-1、命题 3-2、命题 3-3 进行判定。

3.2.2.3 示例分析

由表 3-1 中参数 ξ_p、μ、θ_p 的数值以及（3-14）式和（3-15）式可得表 3-4。

表 3-4　当 $\alpha = 99.9\%$ 时尺度参数不确定性传递系数弹性的分析

业务线	$E_{\theta_p}^{c_{\theta_p}}$	$E_{\xi_p}^{c_{\theta_p}}$	$E_\mu^{c_{\theta_p}}$	$\dfrac{\partial E_{\xi_p}^{c_{\theta_p}}}{\partial \alpha}$	$\dfrac{\partial E_\mu^{c_{\theta_p}}}{\partial \alpha}$	$\dfrac{\partial E_{\xi_p}^{c_{\theta_p}}}{\partial \xi_p}$	$\dfrac{\partial E_\mu^{c_{\theta_p}}}{\partial \xi_p}$	$\dfrac{\partial E_{\xi_p}^{c_{\theta_p}}}{\partial \mu}$	$\dfrac{\partial E_\mu^{c_{\theta_p}}}{\partial \mu}$
BL_1	0	7.920 9	1.190 2	1 188.966 0	-0.189 4	7.489 0	0.660 5	0.999 1	-0.000 1
BL_2	0	9.424 1	1.170 0	1 169.725 0	-0.040 7	8.907 1	0.158 1	0.999 8	0.000 0
BL_3	0	8.568 1	1.010 1	1 009.401 1	-0.071 4	9.467 1	0.077 6	0.999 4	0.000 0
BL_4	0	10.753 0	1.390 0	1 389.918 5	-0.015 2	8.454 8	0.295 7	0.999 9	0.000 0
BL_5	0	9.178 2	1.230 0	1 229.659 9	-0.057 5	8.271 6	0.313 7	0.999 7	0.000 0
BL_6	0	9.203 3	1.220 0	1 219.667 0	-0.055 2	8.361 8	0.284 3	0.999 7	0.000 0
BL_7	0	5.692 1	0.851 1	842.682 1	-0.906 1	7.795 6	0.324 1	0.991 4	-0.000 3
BL_8	0	7.808 8	0.980 1	978.828 5	-0.143 7	8.976 5	0.122 4	0.998 8	0.000 0

由表 3-4 可知：

（1）$\dfrac{\partial E_{\xi_p}^{c_{\theta_p}}}{\partial \alpha} > 0$ 表明 $E_{\xi_p}^{c_{\theta_p}}$ 随置信度递增而递增；$\dfrac{\partial E_\mu^{c_{\theta_p}}}{\partial \alpha} < 0$ 表明 $E_\mu^{c_{\theta_p}}$ 随置信度递增而递减，由于 $\alpha = 99.9\%$，高置信度下 $E_{\xi_p}^{c_{\theta_p}}$ 近似等于 ξ_p。

（2）$E_{\xi_p}^{c_{\theta_p}} > 0$ 表明 c_{θ_p} 随形状参数递增而递增；$E_{\xi_p}^{c_{\theta_p}}$ 随形状参数或频数参数递增而递增。进一步，$\dfrac{\partial E_{\xi_p}^{c_{\theta_p}}}{\partial \xi_p}$ 远大于 $\dfrac{\partial E_{\xi_p}^{c_{\theta_p}}}{\partial \mu}$，因此，在高置信度下，$E_{\xi_p}^{c_{\theta_p}}$ 主要受形状参数变动的影响而变动。

（3）$E_\mu^{c_{\theta_p}} > 0$ 表明 c_{θ_p} 随频数参数递增而递增；$E_\mu^{c_{\theta_p}}$ 随形状参数递增而递增，但随频数参数递增而递减。进一步，在高置信度下，$\dfrac{\partial E_\mu^{c_{\theta_p}}}{\partial \xi_p} \cong 1$ 表明形状参数递增单位 1，$E_\mu^{c_{\theta_p}}$ 也递增单位 1，$\dfrac{\partial E_\mu^{c_{\theta_p}}}{\partial \mu} \cong 0$ 表明频数参数变动几乎不影响 $E_\mu^{c_{\theta_p}}$，因此，$E_\mu^{c_{\theta_p}}$ 主要受到形状参数的影响。

（4）因为 $\xi_p \left(\dfrac{\mu}{1-\alpha}\right)^{\xi_p} \left(\ln \dfrac{\mu}{1-\alpha} - 1\right) / \left[\left(\dfrac{\mu}{1-\alpha}\right)^{\xi_p} - 1\right]$ 远大于 1，所以 $E_{\xi_p}^{c_{\theta_p}}$

远大于 $E_\mu^{c_{\theta_s}}$，表明在高置信度下，c_{θ_s} 主要受到形状参数的影响。

由上述分析可知，在高置信度（$\alpha = 99.9\%$）下，形状参数不仅是 c_{θ_p} 的关键影响参数，而且是 c_{θ_p} 灵敏度的关键影响参数；更进一步，随形状参数递增，不仅 c_{θ_p} 递增，而且 c_{θ_p} 灵敏度也递增，即 c_{θ_p} 是以递增速度递增。

由表 3-1 中参数 ξ_p、θ_p、μ 的数值以及（3-17）~（3-19）式可得表 3-5。

表 3-5 　当 $\alpha = 99.9\%$ 时频数参数不确定性传递系数弹性的分析

业务线	$E^{c_\mu}_{\xi_p}$	$E^{c_\mu}_\mu$	$E^{c_\mu}_{\theta_p}$	$\dfrac{\partial E^{c_\mu}_{\xi_p}}{\partial\alpha}$	$\dfrac{\partial E^{c_\mu}_\mu}{\partial\alpha}$	$\dfrac{\partial E^{c_\mu}_{\xi_p}}{\partial\xi_p}$	$\dfrac{\partial E^{c_\mu}_{\xi_p}}{\partial\mu}$	$\dfrac{\partial E^{c_\mu}_\mu}{\partial\xi_p}$	$\dfrac{\partial E^{c_\mu}_\mu}{\partial\mu}$
BL1	8.919 7	0.19	1	0.001 2	0	7.495 5	0.661 1	1	0
BL2	10.423 8	0.17	1	0.001 2	0	8.909 2	0.158 1	1	0
BL3	9.567 4	0.01	1	0.001	0	9.472 7	0.077 7	1	0
BL4	11.752 9	0.39	1	0.001 4	0	8.455 3	0.295 7	1	0
BL5	10.176 8	0.23	1	0.001 2	0	8.274 6	0.313 5	1	0
BL6	10.204 1	0.22	1	0.001 2	0	8.363 0	0.284 7	1	0
BL7	6.683 8	−0.15	1	0.000 9	0	7.863 3	0.326 9	1	0
BL8	8.807 5	−0.02	1	0.001	0	8.987 2	0.122 5	1	0

由表 3-5 可知：

（1）$E^{c_\mu}_{\xi_p} > 0$，c_μ 随形状参数递增而递增。

（2）在产品线 BL1-BL6 中，$\xi_p \geqslant 1$，$E^{c_\mu}_\mu \geqslant 0$，$c_\mu$ 随频数参数递增而递增；在产品线 BL7-BL8 中，$\xi_p < 1$，$E^{c_\mu}_\mu < 0$，c_μ 随频数参数递增而递减。

（3）$E^{c_\mu}_{\theta_p} = 1$ 表明 $E^{c_\mu}_{\theta_p}$ 为单位弹性，c_μ 随尺度参数递增而递增，且尺度参数变动 1%，c_μ 变动始终为 1%。

（4）因 μ 远大于 $e(1-\alpha)$，故 $E^{c_\mu}_{\xi_p}$ 远大于 $E^{c_\mu}_\mu$，且 $E^{c_\mu}_{\xi_p}$ 远大于 $E^{c_\mu}_{\theta_p}$，表明当 $\alpha = 99.9\%$ 时，c_μ 主要受形状参数的影响而变动。

（5）$\dfrac{\partial E^{c_\mu}_{\xi_p}}{\partial\alpha} > 0$，$\dfrac{\partial E^{c_\mu}_\mu}{\partial\alpha} = 0$，表明随置信度 α 递增，$E^{c_\mu}_{\xi_p}$ 递增，而 $E^{c_\mu}_\mu$ 及 $E^{c_\mu}_{\theta_p}$ 不受置信度 α 变动影响。因此当 $\alpha = 99.9\%$ 时，置信度 α 的变动主要通过影响 $E^{c_\mu}_{\xi_p}$ 而对 c_μ 产生影响。

（6）$\dfrac{\partial E_{\xi_p}^{c_\mu}}{\partial \xi_p} > 0$，$\dfrac{\partial E_{\xi_p}^{c_\mu}}{\partial \mu} > 0$，$E_{\xi_p}^{c_\mu}$ 随 ξ_p、μ 递增而递增；$\dfrac{\partial E_{\xi_p}^{c_\mu}}{\partial \xi_p}$ 远大于 $\dfrac{\partial E_{\xi_p}^{c_\mu}}{\partial \mu}$，因此 $E_{\xi_p}^{c_\mu}$ 主要受形状参数变动的影响而变动。

（7）$\dfrac{\partial E_\mu^{c_\mu}}{\partial \xi_p} = 1$，$\dfrac{\partial E_\mu^{c_\mu}}{\partial \mu} = 0$，表明 $E_\mu^{c_\mu}$ 随形状参数递增而递增的速度不变，但 $E_\mu^{c_\mu}$ 不受频数参数的变动影响。因此 $E_\mu^{c_\mu}$ 主要受形状参数变动的影响而变动。

由上述分析可知，在高置信度（$\alpha = 99.9\%$）下，形状参数不仅是 c_μ 的关键影响参数，而且是 c_μ 灵敏度的关键影响参数；更进一步，随形状参数递增，不仅 c_μ 递增，而且 c_μ 的灵敏度也递增，即 c_μ 以递增速度递增。

由表 3-1 中参数 ξ_p、μ、θ_p 的数值以及（3-21）~（3-22）式可得表 3-6。

表 3-6　当 $\alpha = 99.9\%$ 时形状参数不确定性传递系数弹性的分析

业务线	$E_{\xi_p}^{c_{\xi_p}}$	$E_\mu^{c_{\xi_p}}$	$E_{\theta_p}^{c_{\xi_p}}$	$\dfrac{\partial E_{\xi_p}^{c_{\xi_p}}}{\partial \alpha}$	$\dfrac{\partial E_\mu^{c_{\xi_p}}}{\partial \alpha}$	$E_{\xi_p}^{c_{\xi_p}}$	$E_{\xi_p}^{c_{\xi_p}}$	$E_\mu^{c_{\xi_p}}$	$E_\mu^{c_{\xi_p}}$
BL1	10.090 4	1.340 2	1	1.73E+03	−22.546 8	7.377 3	0.650 7	0.984 2	−0.012 5
BL2	12.005 4	1.294 1	1	1.69E+03	−15.408 8	8.809 2	0.156 3	0.988 8	−0.002 1
BL3	8.803 1	1.127 9	1	1.02E+03	−13.887 1	9.344 5	0.076 6	0.986 5	−0.001 1
BL4	18.494 9	1.519 3	1	3.19E+03	−16.708 4	8.382 3	0.293 2	0.991 4	−0.003 6
BL5	12.532 1	1.364	1	1.99E+03	−17.957 1	8.176	0.310 1	0.988 2	−0.004 6
BL6	12.426 9	1.352 5	1	1.93E+03	−17.561 9	8.265 7	0.281	0.988 2	−0.004 1
BL7	4.978 9	0.999 3	1	5.98E+02	−22.14	7.634 2	0.317 4	0.970 9	−0.008 5
BL8	7.732 4	1.105 5	1	9.22E+02	−15.731 8	8.841 5	0.120 5	0.983 8	−0.002

由表 3-6 可知：

（1）$E_{\xi_p}^{c_{\xi_p}} > 0$，$E_\mu^{c_{\xi_p}} > 0$，$c_{\xi_p}$ 随形状参数或频数参数递增而递增。

（2）$E_{\theta_p}^{c_{\xi_p}} = 1$ 表明 $E_{\theta_p}^{c_{\xi_p}}$ 为单位弹性，c_{ξ_p} 随尺度参数递增而递增，且尺度参数变动 1%，c_{ξ_p} 变动始终为 1%。

（3）$E_\mu^{c_{\xi_p}} \cong \xi_p$，因置信度 $\alpha = 99.9\%$ 趋于 1，则 $E_\mu^{c_{\xi_p}} \to \xi_p$。这表明当 $\alpha = 99.9\%$ 时，$E_\mu^{c_{\xi_p}}$ 主要由形状参数的大小决定。

（4）因 μ 远大于 $e(1 - \alpha)$ 且 $E_{\xi_p}^{c_{\xi_p}}$ 远大于 $2\left[\ln \dfrac{\Lambda}{(1 - \alpha)e}\right]^{-1}$，故 $E_{\xi_p}^{c_{\xi_p}}$ 远大于

$E_{\mu}^{c_{\xi_{\rho}}}$，且 $E_{\xi_{\rho}}^{c_{\xi_{\rho}}}$ 远大于 $E_{\theta_{\rho}}^{c_{\xi_{\rho}}}$，表明当 $\alpha = 99.9\%$ 时，$c_{\xi_{\rho}}$ 主要受到形状参数变动的影响而变动。

（5）$\dfrac{\partial E_{\xi_{\rho}}^{c_{\xi_{\rho}}}}{\partial \alpha} > 0$，$\dfrac{\partial E_{\mu}^{c_{\xi_{\rho}}}}{\partial \alpha} < 0$，随 α 递增，$E_{\xi_{\rho}}^{c_{\xi_{\rho}}}$ 递增，而 $E_{\mu}^{c_{\xi_{\rho}}}$ 递减；而 $E_{\theta_{\rho}}^{c_{\xi_{\rho}}}$ 不受 α 变

动的影响。$\dfrac{\partial E_{\xi_{\rho}}^{c_{\xi_{\rho}}}}{\partial \alpha}$ 远大于 $\dfrac{\partial E_{\mu}^{c_{\xi_{\rho}}}}{\partial \alpha}$，因此，当 $\alpha = 99.9\%$ 时，置信度 α 的变动主要通

过影响 $E_{\xi_{\rho}}^{c_{\xi_{\rho}}}$ 而对 $c_{\xi_{\rho}}$ 产生影响。

（6）$\dfrac{E_{\xi_{\rho}}^{c_{\xi_{\rho}}}}{\partial \xi_{\rho}} > 0$，$\dfrac{E_{\xi_{\rho}}^{c_{\xi_{\rho}}}}{\partial \mu} > 0$，$E_{\xi_{\rho}}^{c_{\xi_{\rho}}}$ 随形状参数、频数参数递增而递增，且 $\dfrac{E_{\xi_{\rho}}^{c_{\xi_{\rho}}}}{\partial \xi_{\rho}}$ 远大

于 $\dfrac{E_{\xi_{\rho}}^{c_{\xi_{\rho}}}}{\partial \mu}$，因此 $E_{\xi_{\rho}}^{c_{\xi_{\rho}}}$ 主要受形状参数变动的影响而变动。

（7）$\dfrac{E_{\mu}^{c_{\xi_{\rho}}}}{\partial \xi_{\rho}} > 0$，$\dfrac{E_{\mu}^{c_{\xi_{\rho}}}}{\partial \mu} < 0$，表明 $E_{\mu}^{c_{\xi_{\rho}}}$ 随形状参数递增而递增，随频数参数递增

而递减，且 $\dfrac{E_{\mu}^{c_{\xi_{\rho}}}}{\partial \xi_{\rho}}$ 远大于 $\dfrac{E_{\mu}^{c_{\xi_{\rho}}}}{\partial \mu}$，因此，$E_{\mu}^{c_{\xi_{\rho}}}$ 主要受到形状参数变动的影响而变动。

上述分析表明命题 3-3 是有效的，在高置信度（$\alpha = 99.9\%$）下，形状参数不仅是 $c_{\xi_{\rho}}$ 的关键影响参数，而且是 $c_{\xi_{\rho}}$ 灵敏度的关键影响参数；更进一步，随形状参数递增，不仅 $c_{\xi_{\rho}}$ 递增，而且 $c_{\xi_{\rho}}$ 的灵敏度也递增，即 $c_{\xi_{\rho}}$ 以递增速度递增。

3.2.3 结论

由上述示例分析可得如下结论：

第一，命题 3-1、命题 3-2 以及命题 3-3 能有效地判定出不确定性传递系数 $c_{\xi_{\rho}}$、c_{μ}、$c_{\theta_{\rho}}$ 变动的一般规律，从而构成操作风险度量精度变动趋势的判定模型。根据该理论模型可判定操作风险度量精度变动的趋势以及关键影响参数，从而可知操作风险度量精度变动的一般规律。

第二，针对上述示例，当操作损失强度为 Pareto 分布时，高置信度（$\alpha = 99.9\%$）下，形状参数是不确定性传递系数 $c_{\xi_{\rho}}$、c_{μ}、$c_{\theta_{\rho}}$ 及其灵敏度的关键影响参数，而且随形状参数递增，不确定性传递系数将以递增速度递增。也就是说，形状参数是操作风险度量精度的关键影响参数，随形状参数递增，操作风

险价值置信区间长度以递增速度递增。这意味着，在高置信度 α 下，随形状参数 ξ_p 递增，操作风险度量精度以递增速度递减。

3.3 Weibull 分布下操作风险度量的精度

3.3.1 操作风险度量的精度

根据前述文献对操作损失强度的拟合结果，可假设操作损失强度为 Weibull 分布[94,155]：

$$F_w(x) = 1 - \exp\left[-\left(\frac{x}{\theta_w}\right)^{\xi_w}\right], \, x > 0, \, \xi_w > 0, \, \theta_w > 0 \qquad (3-29)$$

式中，x 表示操作损失强度；θ_w 表示 Weibull 分布尺度参数；ξ_w 表示 Weibull 分布形状参数。

将（3-29）式代入（3-1）式，得如下公式[141]：

$$OpVaR_{\Delta t}(\alpha)_w \cong \theta_w \left(\ln \frac{\mu_w}{1-\alpha}\right)^{\frac{1}{\xi_w}}, \, \xi_w > 0, \, \theta_w > 0, \, \mu \geqslant 0 \qquad (3-30)$$

因 $\frac{\mu}{1-\alpha} \geqslant 1$，则 $\ln \frac{\mu}{1-\alpha} \geqslant 0$，所以 $\left(\ln \frac{\mu}{1-\alpha}\right)^{\frac{1}{\xi_w}} \geqslant 0$，$OpVaR_{\Delta t}(\alpha)_w \geqslant 0$，即（3-30）式有意义。

当 $\frac{\mu}{1-\alpha} = 1$ 时，则 $OpVaR_{\Delta t}(\alpha)_w = 0$，即不存在操作风险。如果金融机构停止业务活动，那么，将不存在操作风险。

当 $\frac{\mu}{1-\alpha} > 1$ 时，则 $OpVaR_{\Delta t}(\alpha)_w > 0$，这是商业银行操作风险的一般状态，以下将探讨在该状态下操作风险关键管理参数的判别问题。

根据 $OpVaR(\alpha)_w$ 不确定度的合成机理[143-144]，特征参数 ξ_w、θ_w 与 μ_w 的标准差经不确定性传递系数的传递，合成 $OpVaR(\alpha)_w$ 的标准差。因此，当不考虑 ξ_w、θ_w 与 μ_w 之间的相关性时，可得 $OpVaR(\alpha)_w$ 的标准差如下：

$$\sigma_{OpVaR(\alpha)_w} = \sqrt{\left(\frac{\partial OpVaR}{\partial \theta_w}\right)^2 \sigma_{\theta_w}^2 + \left(\frac{\partial OpVaR}{\partial \mu_w}\right)^2 \sigma_{\mu_w}^2 + \left(\frac{\partial OpVaR}{\partial \xi_w}\right)^2 \sigma_{\xi_w}^2} \qquad (3-31)$$

式中：$\dfrac{\partial OpVaR}{\partial \xi_w}$、$\dfrac{\partial OpVaR}{\partial \theta_w}$、$\dfrac{\partial OpVaR}{\partial \mu_w}$ 分别表示参数 ξ_w、θ_w 与 μ_w 的不确定性传递系数；σ_{ξ_w}、σ_{θ_w} 及 σ_{μ_w} 分别表示 ξ_w、θ_w 与 μ_w 的标准差。

由（3-30）式所得 $OpVaR(\alpha)_w$ 的标准差可知，$OpVaR(\alpha)_w$ 的置信区间为 $[\ OpVaR(\alpha)_w \pm \tau \sigma_{OpVaR_w}\ ]$，其中 τ 为某一置信度下的置信系数。该置信区间长度衡量了操作风险度量的精度，因此，以下将分别对此进行研究。

3.3.2　操作风险度量精度及其灵敏度

$OpVaR(\alpha)_w$ 置信区间的长度表征了 $OpVaR(\alpha)_w$ 估计的精度，由两个量决定：置信系数 τ 和 $OpVaR(\alpha)_w$ 的标准差。置信系数 τ 由主观设定的置信度决定；$OpVaR(\alpha)_w$ 的标准差由分布特征参数标准差和不确定性传递系数共同决定。其中，分布特征参数的变化仅影响不确定性传递系数，因此，不确定性传递系数相对于特征参数（ξ_w、θ_w、μ_w）变化的灵敏度，反映了 $OpVaR(\alpha)_w$ 置信区间的长度相对于特征参数（ξ_w、θ_w、μ_w）变化的灵敏度。基于此，以下将通过分析不确定性传递系数相对于分布特征参数的灵敏度，探讨操作风险价值置信区间的长度的灵敏度。

将（3-30）式代入定义 3-1，可得特征参数 ξ_w、θ_w、μ_w 的不确定性传递系数分别为：

$$c_{\theta_w} = \left(\ln \frac{\mu_w}{1-\alpha}\right)^{\frac{1}{\xi_w}} \tag{3-32}$$

$$c_{\xi_w} = -\theta_w \xi_w^{-2} \left(\ln \frac{\mu_w}{1-\alpha}\right)^{\frac{1}{\xi_w}} \ln\left(\ln \frac{\mu_w}{1-\alpha}\right) \tag{3-33}$$

$$c_{\mu_w} = \frac{\theta_w}{\xi_w \mu_w} \left(\ln \frac{\mu_w}{1-\alpha}\right)^{\frac{1}{\xi_w}-1} \tag{3-34}$$

同前述分析，以特征参数的变动程度（$\Delta\xi_w/\xi_w$、$\Delta\theta_w/\theta_w$、$\Delta\mu_w/\mu_w$）所引起的特征参数不确定性传递系数的变动程度（$\Delta c_{\xi_w}/c_{\xi_w}$、$\Delta c_{\theta_w}/c_{\theta_w}$、$\Delta c_{\mu_w}/c_{\mu_w}$），来表示特征参数不确定性传递系数相对于特征参数（ξ_w、θ_w、μ_w）变动的灵敏度，即操作风险价值置信区间的长度相对于特征参数变动的弹性。通过对该弹性的理论分析，即可在理论上对操作风险价值置信区间长度的关键影响参数进行探讨。

3.3.2.1 理论探讨

将（3-32）式代入定义 3-2 可得

$$E_{\theta_w}^{c_{\theta_w}} = 0 \tag{3-35}$$

$$E_{\xi_w}^{c_{\theta_w}} = -\xi_w^{-1} \ln\left(\ln\frac{\mu_w}{1-\alpha}\right) \tag{3-36}$$

$$E_{\mu_w}^{c_{\theta_w}} = \xi_w^{-1} \left(\ln\frac{\mu_w}{1-\alpha}\right)^{-1} \tag{3-37}$$

（3-35）式表明 c_{θ_w} 的尺度参数弹性为单位弹性，即 θ_w 变动 1%，c_{θ_w} 始终变动 1%；（3-36）~（3-37）式表明 c_{θ_w} 的形状参数弹性 $E_{\xi_w}^{c_{\theta_w}}$ 与频数参数弹性 $E_{\mu_w}^{c_{\theta_w}}$ 都与尺度参数无关，影响 c_{θ_w} 灵敏度的参数仅为 θ_w 或 μ_w。下面给出其一般性命题。

命题 3-4 在前述假定下，存在

（1）$\dfrac{\partial E_{\xi_w}^{c_{\theta_w}}}{\partial\alpha} < 0$，$\dfrac{\partial E_{\mu_w}^{c_{\theta_w}}}{\partial\alpha} < 0$，当 $\alpha \to 1$ 时，$E_{\xi_w}^{c_{\theta_w}} \to -\infty$，$E_{\mu_w}^{c_{\theta_w}} \to 0$。

（2）当 $0 < \ln\dfrac{\mu_w}{1-\alpha} \leqslant 1$ 时，$E_{\xi_w}^{c_{\theta_w}} \geqslant 0$，当 $\ln\dfrac{\mu_w}{1-\alpha} > 1$ 时，$E_{\xi_w}^{c_{\theta_w}} < 0$；当 $0 <$

$\ln\dfrac{\mu_w}{1-\alpha} \leqslant 1$ 时，$\dfrac{\partial E_{\xi_w}^{c_{\theta_w}}}{\partial\xi_w} < 0$，当 $\ln\dfrac{\mu_w}{1-\alpha} > 1$ 时，$\dfrac{\partial E_{\xi_w}^{c_{\theta_w}}}{\partial\xi_w} \geqslant 0$；$\dfrac{\partial E_{\xi_w}^{c_{\theta_w}}}{\partial\mu_w} < 0$；$E_{\mu_w}^{c_{\theta_w}} > 0$；

$\dfrac{\partial E_{\mu_w}^{c_{\theta_w}}}{\partial\xi_w} < 0$，$\dfrac{\partial E_{\mu_w}^{c_{\theta_w}}}{\partial\mu_w} < 0$。

（3）当 $\left| -\ln\dfrac{\mu_w}{1-\alpha}\ln\left(\ln\dfrac{\mu_w}{1-\alpha}\right) \right| \geqslant 1$ 时，$\left| E_{\xi_w}^{c_{\theta_w}} \right| \geqslant E_{\mu_w}^{c_{\theta_w}}$；反之，$\left| E_{\xi_w}^{c_{\theta_w}} \right| < E_{\mu_w}^{c_{\theta_w}}$。

证明 在前述假定下，首先证明（1）。由（3-36）式可得

$$\frac{\partial E_{\xi_w}^{c_{\theta_w}}}{\partial\alpha} = -\frac{1}{(1-\alpha)\xi_w\ln\dfrac{\mu_w}{1-\alpha}}$$

因为 $\xi_w > 0$，$\ln\dfrac{\mu_w}{1-\alpha} > 0$，所以 $\dfrac{\partial E_{\xi_w}^{c_{\theta_w}}}{\partial\alpha} < 0$。再由（3-36）式可得

$$\lim_{\alpha\to 1} E_{\xi_w}^{c_{\theta_w}} = \lim_{\alpha\to 1}\left[-\ln\left(\ln\frac{\mu_w}{1-\alpha}\right)^{\xi_w^{-1}} \right] = -\infty$$

即当 $\alpha \to 1$ 时，$E_{\xi_w}^{c_{\theta_w}} \to -\infty$ 成立。

由（3-37）式可得

$$\frac{\partial E_{\mu_w}^{c_{\theta_*}}}{\partial \alpha} = -\frac{1}{(1-\alpha)\xi_w \left(\ln\frac{\mu_w}{1-\alpha}\right)^2}$$

因为 $\xi_w > 0$，$\ln\frac{\mu_w}{1-\alpha} > 0$，所以 $\frac{\partial E_{\mu_w}^{c_{\theta_*}}}{\partial \alpha} < 0$。再由（3-37）式可得

$$\lim_{\alpha \to 1} E_{\mu_w}^{c_{\theta_*}} = \lim_{\alpha \to 1}\left(\xi_w \ln\frac{\mu_w}{1-\alpha}\right)^{-1} = 0$$

即当 $\alpha \to 1$ 时，$E_{\mu_w}^{c_{\theta_*}} \to 0$ 成立。

对于（2）。由（3-36）式可知：

因为 $\left(\ln\frac{\mu_w}{1-\alpha}\right)^{\frac{1}{\xi_*}} \geqslant 0$ 且 $\xi_w > 0$，所以，当 $0 < \ln\frac{\mu_w}{1-\alpha} \leqslant 1$ 时，$E_{\xi_*}^{c_{\theta_*}} \geqslant 0$，

当 $\ln\frac{\mu_w}{1-\alpha} > 1$ 时，$E_{\xi_*}^{c_{\theta_*}} < 0$ 成立。

再由（3-36）式可得：

$$\frac{\partial E_{\xi_*}^{c_{\theta_*}}}{\partial \xi_w} = \xi_w^{-2}\ln\left(\ln\frac{\mu_w}{1-\alpha}\right) \tag{3-38}$$

$$\frac{\partial E_{\xi_*}^{c_{\theta_*}}}{\partial \mu_w} = -\left(\xi_w\mu_w\ln\frac{\mu_w}{1-\alpha}\right)^{-1} \tag{3-39}$$

因为 $\xi_w > 0$，$\ln\frac{\mu_w}{1-\alpha} > 0$，$\mu_w > 0$，则：

由（3-38）式可知，当 $\ln\frac{\mu_w}{1-\alpha} > 1$ 时，$\frac{\partial E_{\xi_*}^{c_{\theta_*}}}{\partial \xi_w} \geqslant 0$，当 $0 < \ln\frac{\mu_w}{1-\alpha} \leqslant 1$ 时，

$\frac{\partial E_{\xi_*}^{c_{\theta_*}}}{\partial \xi_w} < 0$；

由（3-39）式可知，$\frac{\partial E_{\xi_*}^{c_{\theta_*}}}{\partial \mu_w} < 0$。

由（3-37）式可知：因为 $\ln\frac{\mu_w}{1-\alpha} > 0$ 且 $\xi_w > 0$，所以 $E_{\mu_w}^{c_{\theta_*}} = \left(\xi_w\ln\frac{\mu_w}{1-\alpha}\right)^{-1} > 0$。

再由（3-37）式有

$$\frac{\partial E_{\mu_w}^{c_{\theta_*}}}{\partial \xi_w} = -\xi_w^{-2} \left(\ln \frac{\mu_w}{1-\alpha}\right)^{-1}$$

$$\frac{\partial E_{\mu_w \mu}^{c_{\theta_*}}}{\partial \mu} = -\xi_w^{-1} \mu_w^{-1} \left(\ln \frac{\mu_w}{1-\alpha}\right)^{-2}$$

因为 $\xi_w > 0$，$\ln \dfrac{\mu_w}{1-\alpha} > 0$，$\mu_w > 0$，则有：$\dfrac{\partial E_{\mu_w}^{c_{\theta_*}}}{\partial \xi_w} < 0$，$\dfrac{\partial E_{\mu_w}^{c_{\theta_*}}}{\partial \mu_w} < 0$。

对于（3）。由 $\dfrac{E_{\xi_w}^{c_{\theta_*}}}{E_{\mu_w}^{c_{\theta_*}}} = \dfrac{-\ln\left(\ln \dfrac{\mu_w}{1-\alpha}\right)^{\xi_w^{-1}}}{\left(\xi_w \ln \dfrac{\mu_w}{1-\alpha}\right)^{-1}} = -\ln \dfrac{\mu_w}{1-\alpha} \ln\left(\ln \dfrac{\mu_w}{1-\alpha}\right)$ 知：

当 $\left|\ln \dfrac{\mu_w}{1-\alpha} \ln\left(\ln \dfrac{\mu_w}{1-\alpha}\right)\right| \geqslant 1$ 时，$\left|E_{\xi_w}^{c_{\theta_*}}\right| \geqslant E_{\mu_w}^{c_{\theta_*}}$；反之，$\left|E_{\xi_w}^{c_{\theta_*}}\right| < E_{\mu_w}^{c_{\theta_*}}$。

命题 3-4 给出了影响 c_{θ_w} 的两方面因素：

其一，置信度 α 的影响。随 α 递增，$E_{\xi_w}^{c_{\theta_*}}$ 和 $E_{\mu_w}^{c_{\theta_*}}$ 都递减，在高置信度下，$E_{\xi_w}^{c_{\theta_*}}$（c_{θ_w} 相对于 ξ_w 变动的灵敏度）趋于不确定的负无穷大，而 $E_{\mu_w}^{c_{\theta_*}}$（c_{θ_w} 相对于 μ_w 变动的灵敏度）趋于确定值 0。

其二，特征参数 ξ_w、μ_w 的影响。当 $0 < \ln[\mu_w/(1-\alpha)] \leqslant 1$ 时，随 ξ_w 递增，c_{θ_w} 以递减速度递增，而当 $\ln[\mu_w/(1-\alpha)] > 1$ 时，c_{θ_w} 以递增速度递减；随 μ_w 递增，c_{θ_w} 总是以递减速度递增。

进一步，由命题 3-4 可判断 $E_{\xi_w}^{c_{\theta_*}}$ 和 $E_{\mu_w}^{c_{\theta_*}}$ 间的相对大小，并由此可知 c_{θ_w} 随特征参数变动而变动的趋势，及其关键影响参数。

将（3-33）式代入定义 3-2 可得

$$E_{\theta_w}^{c_{\xi_*}} = 1 \tag{3-40}$$

$$E_{\xi_w}^{c_{\xi_*}} = -2 - \xi_w^{-1} \ln\left(\ln \frac{\mu_w}{1-\alpha}\right) \tag{3-41}$$

$$E_{\mu_w}^{c_{\xi_*}} = \left(\ln \frac{\mu_w}{1-\alpha}\right)^{-1} \left\{\xi_w^{-1} + \left[\ln\left(\ln \frac{\mu_w}{1-\alpha}\right)\right]^{-1}\right\} \tag{3-42}$$

$E_{\theta_w}^{c_{\xi_*}} = 1$ 表明尺度参数变动 1%，c_{ξ_w} 仅变动 1%；（3-41）～（3-42）式表明 c_{ξ_w} 相对于 ξ_w（或 μ_w）变动的灵敏度仅与 ξ_w、μ_w 有关。以下给出 c_{ξ_w} 变动的一般

性命题。

命题 3-5 在前述假定下，存在

（1）$\dfrac{\partial E_{\xi_w}^{c_i}}{\partial \alpha} < 0$，当 $\alpha \to 1$ 时，$E_{\xi_w}^{c_i} \to -\infty$；若 $0 < \xi_w \leqslant 4$，则 $\dfrac{\partial E_{\mu_w}^{c_i}}{\partial \alpha} \leqslant 0$，若

$\xi_w > 4$，则：当 $\dfrac{-\xi_w - \sqrt{\xi_w(\xi_w - 4)}}{2} \leqslant \ln(\ln \dfrac{\mu_w}{1-\alpha}) \leqslant \dfrac{-\xi_w + \sqrt{\xi_w(\xi_w - 4)}}{2}$

时，$\dfrac{\partial E_{\mu_w}^{c_i}}{\partial \alpha} \geqslant 0$；当 $\ln(\ln \dfrac{\mu_w}{1-\alpha}) < \dfrac{-\xi_w - \sqrt{\xi_w(\xi_w - 4)}}{2}$ 或 $\ln(\ln \dfrac{\mu_w}{1-\alpha}) <$

$\dfrac{-\xi_w + \sqrt{\xi_w(\xi_w - 4)}}{2}$ 时，$\dfrac{\partial E_{\mu_w}^{c_i}}{\partial \alpha} < 0$；当 $\alpha \to 1$ 时，$E_{\mu_w}^{c_i} \to 0$。

（2）当 $0 < \ln \dfrac{\mu_w}{1-\alpha} \leqslant \exp(-2\xi_w)$ 时，$E_{\xi_w}^{c_i} \geqslant 0$，反之，当 $\ln \dfrac{\mu_w}{1-\alpha} >$

$\exp(-2\xi_w)$ 时，$E_{\xi_w}^{c_i} < 0$ 成立；当 $\ln \dfrac{\mu_w}{1-\alpha} \leqslant e^{-\xi}$ 时，$E_{\mu_w}^{c_i} \geqslant 0$，当 $e^{-\xi} < \ln \dfrac{\mu_w}{1-\alpha} \leqslant$

1 时，$E_{\mu_w}^{c_i} < 0$。

（3）当 $0 < \ln \dfrac{\mu_w}{1-\alpha} \leqslant 1$ 时，$\dfrac{\partial E_{\xi_w}^{c_i}}{\partial \xi_w} \leqslant 0$，当 $\ln \dfrac{\mu_w}{1-\alpha} \geqslant 1$ 时，$\dfrac{\partial E_{\xi_w}^{c_i}}{\partial \xi_w} > 0$；$\dfrac{\partial E_{\xi_w}^{c_i}}{\partial \mu_w}$

< 0；当 $0 < \ln \dfrac{\mu_w}{1-\alpha} \leqslant 1$ 时，$\dfrac{\partial E_{\mu_w}^{c_i}}{\partial \xi_w} \geqslant 0$，反之，当 $\ln \dfrac{\mu_w}{1-\alpha} \geqslant 1$ 时，$\dfrac{\partial E_{\mu_w}^{c_i}}{\partial \xi_w} < 0$；

若 $0 < \xi_w \leqslant 4$，则 $\dfrac{\partial E_{\mu_w}^{c_i}}{\partial \mu_w} \leqslant 0$，若 $\xi_w > 4$，则：当 $\dfrac{-\xi_w - \sqrt{\xi_w(\xi_w - 4)}}{2} \leqslant \ln(\ln$

$\dfrac{\mu_w}{1-\alpha}) \leqslant \dfrac{-\xi_w + \sqrt{\xi_w(\xi_w - 4)}}{2}$ 时，$\dfrac{\partial E_{\mu_w}^{c_i}}{\partial \mu_w} \geqslant 0$；当 $\ln(\ln \dfrac{\mu_w}{1-\alpha}) <$

$\dfrac{-\xi_w - \sqrt{\xi_w(\xi_w - 4)}}{2}$ 或 $\ln(\ln \dfrac{\mu_w}{1-\alpha}) < \dfrac{-\xi_w + \sqrt{\xi_w(\xi_w - 4)}}{2}$ 时，$\dfrac{\partial E_{\mu_w}^{c_i}}{\partial \mu_w} < 0$；

（4）当 $\ln \dfrac{\mu_w}{1-\alpha} \left| 2\xi_w \ln(\ln \dfrac{\mu_w}{1-\alpha}) + [\ln(\ln \dfrac{\mu_w}{1-\alpha})]^2 \right| \geqslant \left| \xi_w + \ln(\ln \dfrac{\mu_w}{1-\alpha}) \right|$

时，$\left| E_{\xi_w}^{c_i} \right| \geqslant \left| E_{\mu_w}^{c_i} \right|$；反之，$\left| E_{\xi_w}^{c_i} \right| < \left| E_{\mu_w}^{c_i} \right|$。

证明 在前述假定下，首先证明（1）。由（3-41）式可得

$$\frac{\partial E_{\xi_w}^{c_{t_\cdot}}}{\partial \alpha} = - \frac{1}{(1-\alpha)\xi_w \ln \dfrac{\mu_w}{1-\alpha}}$$

因为 $\xi_w > 0$, $\ln \dfrac{\mu_w}{1-\alpha} > 0$, 所以 $\dfrac{\partial E_{\xi_w}^{c_{t_\cdot}}}{\partial \alpha} < 0$。再由（3-41）式可得

$$\lim_{\alpha \to 1} E_{\xi_w}^{c_{t_\cdot}} = \lim_{\alpha \to 1} \left[-2 - \ln \left(\ln \frac{\mu_w}{1-\alpha} \right)^{\xi_w^{-1}} \right] = -\infty$$

即当 $\alpha \to 1$ 时, $E_{\xi_w}^{c_{t_\cdot}} \to -\infty$ 成立。

由（3-42）式可得

$$\frac{\partial E_{\mu_w}^{c_{t_\cdot}}}{\partial \alpha} = - (1-\alpha)^{-1} \left(\ln \frac{\mu_w}{1-\alpha} \right)^{-2} \frac{\left[\ln \left(\ln \dfrac{\mu_w}{1-\alpha} \right) \right]^2 + \xi_w \ln \left(\ln \dfrac{\mu_w}{1-\alpha} \right) + \xi_w}{\xi_w \left[\ln \left(\ln \dfrac{\mu_w}{1-\alpha} \right) \right]^2}$$

令 $b = \ln \left(\ln \dfrac{\mu_w}{1-\alpha} \right)$, 因为 $\ln \dfrac{\mu_w}{1-\alpha} \geqslant 0$, 所以 $b \in (-\infty, +\infty)$, 进一

步, 记

$$N(b) = \left[\ln \left(\ln \frac{\mu_w}{1-\alpha} \right) \right]^2 + \xi_w \ln \left(\ln \frac{\mu_w}{1-\alpha} \right) + \xi_w = b^2 + \xi_w b + \xi_w$$

方程 $N(b) = 0$ 的判别式为

$$\Delta = \xi_w (\xi_w - 4)$$

所以, 若 $0 < \xi_w \leqslant 4$, $N(b) \geqslant 0$, 则 $\dfrac{\partial E_{\mu_w}^{c_{t_\cdot}}}{\partial \alpha} \leqslant 0$; 若 $\xi_w > 4$, 则：

当 $\dfrac{-\xi_w - \sqrt{\xi_w(\xi_w - 4)}}{2} \leqslant \ln \left(\ln \dfrac{\mu_w}{1-\alpha} \right) \leqslant \dfrac{-\xi_w + \sqrt{\xi_w(\xi_w - 4)}}{2}$ 时, $\dfrac{\partial E_{\mu_w}^{c_{t_\cdot}}}{\partial \alpha} \geqslant 0$;

当 $\ln \left(\ln \dfrac{\mu_w}{1-\alpha} \right) < \dfrac{-\xi_w - \sqrt{\xi_w(\xi_w - 4)}}{2}$ 或 $\ln \left(\ln \dfrac{\mu_w}{1-\alpha} \right) <$

$\dfrac{-\xi_w + \sqrt{\xi_w(\xi_w - 4)}}{2}$ 时, $\dfrac{\partial E_{\mu_w}^{c_{t_\cdot}}}{\partial \alpha} < 0$。

再由（3-42）式可得

$$\lim_{\alpha \to} E_{\mu_w}^{c_{t_\cdot}} = \lim_{\alpha \to} \left(\ln \frac{\mu_w}{1-\alpha} \right)^{-1} \left\{ \xi_w^{-1} + \left[\ln \left(\ln \frac{\mu_w}{1-\alpha} \right) \right]^{-1} \right\} = 0$$

即当 $\alpha \to 1$ 时，$E_{\mu_w}^{c_{t.}} \to 0$ 成立。

对于（2），由（3-41）式有，若 $E_{\xi_w}^{c_{t.}} \geqslant 0$，则有

$$\ln \frac{\mu_w}{1-\alpha} \leqslant \exp(-2\xi_w)$$

又因为 $\ln \frac{\mu_w}{1-\alpha} > 0$，所以，当 $0 < \ln \frac{\mu_w}{1-\alpha} \leqslant \exp(-2\xi_w)$ 时，$E_{\xi_w}^{c_{t.}} \geqslant 0$；反

之，当 $\ln \frac{\mu_w}{1-\alpha} > \exp(-2\xi_w)$ 时，$E_{\xi_w}^{c_{t.}} < 0$ 成立。

由（3-42）式有，若 $E_{\mu_w}^{c_{t.}} \geqslant 0$，则有

$$\xi_w^{-1} + \left[\ln(\ln \frac{\mu_w}{1-\alpha})\right]^{-1} \geqslant 0$$

进一步，有

$$\begin{cases} \ln(\ln \frac{\mu_w}{1-\alpha}) \geqslant 0 \\ \xi_w^{-1} + \left[{}^{1}n(\ln)\right] - 1 \geqslant 0 \end{cases}, \quad 或 \quad \begin{cases} \ln(\ln \frac{\mu_w}{1-\alpha}) < 0 \\ \xi_w^{-1} + \left[{}^{1}n(\ln)\right] - 1 \geqslant 0 \end{cases}$$

即

$$\begin{cases} \ln \frac{\mu_w}{1-\alpha} \geqslant 1 \\ \ln \frac{\mu_w}{1-\alpha} \geqslant e^{-\xi_w} \end{cases}, \quad 或 \quad \begin{cases} 0 < \ln \frac{\mu_w}{1-\alpha} < 1 \\ \ln \frac{\mu_w}{1-\alpha} \leqslant e^{-\xi} \end{cases}$$

由 $\xi_w > 0$ 可知，$e^{-\xi} < 1$。因此，当 $\ln \frac{\mu_w}{1-\alpha} \leqslant e^{-\xi}$ 时，$E_{\mu_w}^{c_{t.}} \geqslant 0$ 成立。

若 $E_{\mu_w}^{c_{t.}} < 0$，则有

$$\xi_w^{-1} + \left[\ln(\ln \frac{\mu_w}{1-\alpha})\right]^{-1} < 0$$

进一步，有

$$\begin{cases} \ln(\ln \frac{\mu_w}{1-\alpha}) \geqslant 0 \\ \xi_w^{-1} + \left[{}^{1}n(\ln)\right] - 1 < 0 \end{cases}, \quad 或 \quad \begin{cases} \ln(\ln \frac{\mu_w}{1-\alpha}) < 0 \\ \xi_w^{-1} + \left[{}^{1}n(\ln)\right] - 1 < 0 \end{cases}$$

即

$$\begin{cases} \ln \dfrac{\mu_w}{1-\alpha} \geqslant 1 \\[3mm] \ln \dfrac{\mu_w}{1-\alpha} < e^{-\xi_w} \end{cases}, \quad \text{或} \quad \begin{cases} 0 < \ln \dfrac{\mu_w}{1-\alpha} < 1 \\[3mm] \ln \dfrac{\mu_w}{1-\alpha} > e^{-\xi} \end{cases}$$

所以，当 $e^{-\xi} < \ln \dfrac{\mu_w}{1-\alpha} \leqslant 1$ 时，$E_{\mu_w}^{c_{\xi_w}} < 0$ 成立。

对于（3），由（3-41）式有

$$\frac{\partial E_{\xi_w}^{c_{\xi_w}}}{\partial \xi_w} = \xi_w^{-2} \ln \left(\ln \frac{\mu_w}{1-\alpha} \right) \tag{3-43}$$

$$\frac{\partial E_{\xi_w}^{c_{\xi_w}}}{\partial \mu_w} = -\frac{1}{\xi_w \mu_w \ln \dfrac{\mu_w}{1-\alpha}} \tag{3-44}$$

由（3-43）式可知：当 $0 < \ln \dfrac{\mu_w}{1-\alpha} \leqslant 1$ 时，$\dfrac{\partial E_{\xi_w}^{c_{\xi_w}}}{\partial \xi_w} \leqslant 0$；反之，当 $\ln \dfrac{\mu_w}{1-\alpha} \geqslant 1$ 时，$\dfrac{\partial E_{\xi_w}^{c_{\xi_w}}}{\partial \xi_w} > 0$。

由（3-44）式可知：因 $\ln \dfrac{\mu_w}{1-\alpha} > 0$，所以 $\dfrac{\partial E_{\xi_w}^{c_{\xi_w}}}{\partial \mu_w} < 0$ 成立。

由（3-42）式有

$$\frac{\partial E_{\mu_w}^{c_{\xi_w}}}{\partial \xi_w} = -\frac{1}{\xi_w^2 \ln \dfrac{\mu_w}{1-\alpha}} \tag{3-45}$$

$$\frac{\partial E_{\mu_w}^{c_{\xi_w}}}{\partial \mu_w} = -\frac{1}{\mu_w} \left(\ln \frac{\mu_w}{1-\alpha} \right)^{-2} \frac{\left[\ln \left(\ln \dfrac{\mu_w}{1-\alpha} \right) \right]^2 + \xi_w \ln \left(\ln \dfrac{\mu_w}{1-\alpha} \right) + \xi_w}{\xi_w \left[\ln \left(\ln \dfrac{\mu_w}{1-\alpha} \right) \right]^2} \tag{3-46}$$

由（3-45）式可知：当 $0 < \ln \dfrac{\mu_w}{1-\alpha} \leqslant 1$ 时，$\dfrac{\partial E_{\mu_w}^{c_{\xi_w}}}{\partial \xi_w} \geqslant 0$；反之，当 $\ln \dfrac{\mu_w}{1-\alpha} \geqslant 1$ 时，$\dfrac{\partial E_{\mu_w}^{c_{\xi_w}}}{\partial \xi_w} < 0$。

由（3-46）式，根据前述结论可知：若 $0 < \xi_w \leqslant 4$，则 $\dfrac{\partial E_{\mu_w}^{c_{\xi_w}}}{\partial \mu_w} \leqslant 0$，若 ξ_w

> 4，则：当 $\dfrac{-\xi_w - \sqrt{\xi_w(\xi_w - 4)}}{2} \leqslant \ln(\ln\dfrac{\mu_w}{1-\alpha}) \leqslant \dfrac{-\xi_w + \sqrt{\xi_w(\xi_w - 4)}}{2}$ 时，

$\dfrac{\partial E_{\mu_w}^{c_{\xi_w}}}{\partial \mu_w} \geqslant 0$；当 $\ln(\ln\dfrac{\mu_w}{1-\alpha}) < \dfrac{-\xi_w - \sqrt{\xi_w(\xi_w - 4)}}{2}$ 或 $\ln(\ln\dfrac{\mu_w}{1-\alpha}) <$

$\dfrac{-\xi_w + \sqrt{\xi_w(\xi_w - 4)}}{2}$ 时，$\dfrac{\partial E_{\mu_w}^{c_{\xi_w}}}{\partial \mu_w} < 0$。

对于（4），由

$$\left| \frac{E_{\xi_w}^{c_{\xi_w}}}{E_{\mu_w}^{c_{\xi_w}}} \right| = \frac{\left| -2 - \xi_w^{-1}\ln(\ln\dfrac{\mu_w}{1-\alpha}) \right|}{\left| (\ln\dfrac{\mu_w}{1-\alpha})^{-1} \left\{ \xi_w^{-1} + \left[\ln(\ln\dfrac{\mu_w}{1-\alpha}) \right]^{-1} \right\} \right|}$$

知：当 $\ln\dfrac{\mu_w}{1-\alpha} \left| 2\xi_w\ln(\ln\dfrac{\mu_w}{1-\alpha}) + \left[\ln(\ln\dfrac{\mu_w}{1-\alpha}) \right]^2 \right| \geqslant \left| \xi_w + \ln(\ln\dfrac{\mu_w}{1-\alpha}) \right|$ 时，

$\left| E_{\xi_w}^{c_{\xi_w}} \right| \geqslant \left| E_{\mu_w}^{c_{\xi_w}} \right|$ 成立；反之，$\left| E_{\xi_w}^{c_{\xi_w}} \right| < \left| E_{\mu_w}^{c_{\xi_w}} \right|$ 成立。

命题 3-5 给出了影响 c_{ξ_w} 的两方面因素：

其一，置信度 α 的影响。随 α 递增，$E_{\xi_w}^{c_{\xi_w}}$ 递减，但 $E_{\mu_w}^{c_{\xi_w}}$ 的变动方向受到 ξ_w、μ_w 的影响。在高置信度下，c_{ξ_w} 随 ξ_w 递增而递减速度趋于无穷大，几乎不受 μ_w 变动的影响。

其二，特征参数 ξ_w、μ_w 的影响。随 μ_w 递增，$E_{\xi_w}^{c_{\xi_w}}$ 递增，但 $E_{\mu_w}^{c_{\xi_w}}$ 的变动方向由 ξ_w、μ_w 共同决定；随 ξ_w 变动，$E_{\xi_w}^{c_{\xi_w}}$ 与 $E_{\mu_w}^{c_{\xi_w}}$ 变动方向都由 ξ_w、μ_w 共同决定。

进一步，由命题 3-5 可判断 $E_{\xi_w}^{c_{\xi_w}}$ 与 $E_{\mu_w}^{c_{\xi_w}}$ 间的相对大小，并由此可知 c_{ξ_w} 随特征参数变动而变动的趋势，及其关键影响参数。

将（3-34）式代入定义 3-2 可得

$$E_{\theta_w}^{c_{\mu_w}} = 1 \tag{3-47}$$

$$E_{\xi_w}^{c_{\mu_w}} = 1 + \xi_w^{-1}\ln(\ln\frac{\mu_w}{1-\alpha}) \tag{3-48}$$

$$E_{\mu_w}^{c_{\mu_w}} = (\xi_w^{-1} - 1)(\ln\frac{\mu_w}{1-\alpha})^{-1} - 1 \tag{3-49}$$

$E_{\theta_w}^{c_{\mu_w}} = 1$ 表明尺度参数变动 1%，c_{μ_w} 仅变动 1%；（3-48）~（3-49）式表明 c_{μ_w} 相对于 ξ_w（或 μ_w）变动的灵敏度仅与 ξ_w、μ_w 有关。以下给出 c_{μ_w} 变动的一般

性命题。

命题 3-6 在前述假定下，存在

（1）$\dfrac{\partial E_{\xi_w}^{c_{\xi_w}}}{\partial \alpha} > 0$，当 $\alpha \to 1$ 时，$E_{\xi_w}^{c_{\mu_w}} \to +\infty$；当 $\xi_w \geq 1$ 时，$\dfrac{\partial E_{\mu_w}^{c_{\mu_w}}}{\partial \alpha} \geq 0$，当 $0 < \xi_w < 1$ 时，$\dfrac{\partial E_{\mu_w}^{c_{\mu_w}}}{\partial \alpha} < 0$，当 $\alpha \to 1$ 时，$E_{\mu_w}^{c_{\mu_w}} \to -1$。

（2）当 $\ln \dfrac{\mu_w}{1-\alpha} \geq \exp(-\xi_w)$ 时，$E_{\xi_w}^{c_{\mu_w}} \geq 0$，当 $0 < \ln \dfrac{\mu_w}{1-\alpha} < \exp(-\xi_w)$ 时，$E_{\xi_w}^{c_{\mu_w}} < 0$；当 $0 < \ln \dfrac{\mu_w}{1-\alpha} \leq 1$ 时，$\dfrac{\partial E_{\xi_w}^{c_{\mu_w}}}{\partial \xi_w} \geq 0$，当 $\ln \dfrac{\mu_w}{1-\alpha} > 1$ 时，$\dfrac{\partial E_{\xi_w}^{c_{\mu_w}}}{\partial \xi_w} < 0$；$\dfrac{\partial E_{\xi_w}^{c_{\mu_w}}}{\partial \mu_w} > 0$；

（3）$0 < \ln \dfrac{\mu_w}{1-\alpha} \leq \xi_w^{-1} - 1$ 时，$E_{\mu_w}^{c_{\mu_w}} \geq 0$，当 $\ln \dfrac{\mu_w}{1-\alpha} > \xi_w^{-1} - 1$ 时，$E_{\mu_w}^{c_{\mu_w}} < 0$；$\dfrac{\partial E_{\mu_w}^{c_{\mu_w}}}{\partial \xi_w} < 0$；当 $\xi_w \geq 1$ 时，$\dfrac{\partial E_{\mu_w}^{c_{\mu_w}}}{\partial \mu_w} \geq 0$，当 $0 < \xi_w < 1$ 时，$\dfrac{\partial E_{\mu_w}^{c_{\mu_w}}}{\partial \mu_w} < 0$ 成立。

（4）当 $\ln \dfrac{\mu_w}{1-\alpha} \left| \xi_w + \ln(\ln \dfrac{\mu_w}{1-\alpha}) \right| \geq \left| \xi_w + \xi_w \ln \dfrac{\mu_w}{1-\alpha} - 1 \right|$ 时，$\left| E_{\xi_w}^{c_{\mu_w}} \right| \geq \left| E_{\mu_w}^{c_{\mu_w}} \right|$；反之，$\left| E_{\xi_w}^{c_{\mu_w}} \right| < \left| E_{\mu_w}^{c_{\mu_w}} \right|$。

证明 在前述假定下，首先证明（1）。由（3-48）式可得

$$\frac{\partial E_{\xi_w}^{c_{\mu_w}}}{\partial \alpha} = \frac{1}{(1-\alpha)\xi_w \ln \dfrac{\mu_w}{1-\alpha}}$$

因为 $\xi_w > 0$，$\ln \dfrac{\mu_w}{1-\alpha} > 0$，所以 $\dfrac{\partial E_{\xi_w}^{c_{\xi_w}}}{\partial \alpha} > 0$。再由（3-48）式可得

$$\lim_{\alpha \to 1} E_{\xi_w}^{c_{\mu_w}} = \lim_{\alpha \to 1} \left[1 + \xi_w^{-1} \ln(\ln \dfrac{\mu_w}{1-\alpha}) \right] = +\infty$$

即当 $\alpha \to 1$ 时，$E_{\xi_w}^{c_{\mu_w}} \to +\infty$ 成立。

由（3-49）式可得

$$\frac{\partial E_{\mu_w}^{c_{\mu_w}}}{\partial \alpha} = \frac{\xi_w - 1}{(1-\alpha)\xi_w \left(\ln \dfrac{\mu_w}{1-\alpha} \right)^2}$$

所以，当 $\xi_w \geqslant 1$ 时，$\dfrac{\partial E_{\mu_w}^{c_{p_w}}}{\partial \alpha} \geqslant 0$，当 $0 < \xi_w < 1$ 时，$\dfrac{\partial E_{\mu_w}^{c_{p_w}}}{\partial \alpha} < 0$ 成立。再由（3-49）式可得

$$\lim_{\alpha \to 1} E_{\mu_w}^{c_{p_w}} = \lim_{\alpha \to 1} \left\{ (\xi_w^{-1} - 1)\left(\ln \frac{\mu_w}{1-\alpha} \right)^{-1} - 1 \right\} = -1$$

即当 $\alpha \to 1$ 时，$E_{\mu_w}^{c_{p_w}} \to -1$ 成立。

对于（2），由（3-48）式可得，当

$$E_{\xi_w}^{c_{p_w}} = 1 + \xi_w^{-1} \ln\left(\ln \frac{\mu_w}{1-\alpha} \right) \geqslant 0$$

即 $\ln \dfrac{\mu_w}{1-\alpha} \geqslant \exp(-\xi_w)$ 时，$E_{\xi_w}^{c_{p_w}} \geqslant 0$；反之，当 $0 < \ln \dfrac{\mu_w}{1-\alpha} < \exp(-\xi_w)$ 时，$E_{\xi_w}^{c_{p_w}} < 0$ 成立。再由（3-48）式可得

$$\frac{\partial E_{\xi_w}^{c_{p_w}}}{\partial \xi_w} = -\frac{\ln\left(\ln \dfrac{\mu_w}{1-\alpha} \right)}{\xi_w^2} \tag{3-50}$$

$$\frac{\partial E_{\xi_w}^{c_{p_w}}}{\partial \mu_w} = \frac{1}{\xi_w \mu_w \ln \dfrac{\mu_w}{1-\alpha}} \tag{3-51}$$

由（3-50）式可知：当 $0 < \ln \dfrac{\mu_w}{1-\alpha} \leqslant 1$ 时，$\dfrac{\partial E_{\xi_w}^{c_{p_w}}}{\partial \xi_w} \geqslant 0$，当 $\ln \dfrac{\mu_w}{1-\alpha} > 1$ 时，$\dfrac{\partial E_{\xi_w}^{c_{p_w}}}{\partial \xi_w} < 0$。

由（3-51）式可知：因为 $\ln \dfrac{\mu_w}{1-\alpha} \geqslant 0$，所以 $\dfrac{\partial E_{\xi_w}^{c_{p_w}}}{\partial \mu_w} > 0$ 成立。

对于（3），由（3-49）式可得，当

$$E_{\mu_w}^{c_{p_w}} = (\xi_w^{-1} - 1)\left(\ln \frac{\mu_w}{1-\alpha} \right)^{-1} - 1 \geqslant 0$$

即，$0 < \ln \dfrac{\mu_w}{1-\alpha} \leqslant \xi_w^{-1} - 1$ 时，$E_{\mu_w}^{c_{p_w}} \geqslant 0$ 成立；反之，当 $\ln \dfrac{\mu_w}{1-\alpha} > \xi_w^{-1} - 1$ 时，$E_{\mu_w}^{c_{p_w}} < 0$。

再（3-49）式可得

$$\frac{\partial E^{c_{\mu_w}}_{\mu_w}}{\partial \xi_w} = -\frac{1}{\xi_w^2 \ln \dfrac{\mu_w}{1-\alpha}} \tag{3-52}$$

$$\frac{\partial E^{c_{\mu_w}}_{\mu_w}}{\partial \mu_w} = \frac{\xi_w - 1}{\xi_w \mu_w \left(\ln \dfrac{\mu_w}{1-\alpha}\right)^2} \tag{3-53}$$

由（3-52）式可知，$\dfrac{\partial E^{c_{\mu_w}}_{\mu_w}}{\partial \xi_w} < 0$。

由（3-53）式可知：当 $\xi_w \geqslant 1$ 时，$\dfrac{\partial E^{c_{\mu_w}}_{\mu_w}}{\partial \mu_w} \geqslant 0$，当 $0 < \xi_w < 1$ 时，$\dfrac{\partial E^{c_{\mu_w}}_{\mu_w}}{\partial \mu_w} < 0$ 成立。

对于（4），由 $\dfrac{\left| E^{c_{\mu_w}}_{\xi_w} \right|}{\left| E^{c_{\mu_w}}_{\mu_w} \right|} = \dfrac{\left| 1 + \xi_w^{-1} \ln\left(\ln \dfrac{\mu_w}{1-\alpha}\right) \right|}{\left| (\xi_w^{-1} - 1)\left(\ln \dfrac{\mu_w}{1-\alpha}\right)^{-1} - 1 \right|}$ 知：

当 $\ln \dfrac{\mu_w}{1-\alpha} \left| \xi_w + \ln\left(\ln \dfrac{\mu_w}{1-\alpha}\right) \right| \geqslant \left| \xi_w + \xi_w \ln \dfrac{\mu_w}{1-\alpha} - 1 \right|$ 时，$\left| E^{c_{\mu_w}}_{\xi_w} \right| \geqslant$ $\left| E^{c_{\mu_w}}_{\mu_w} \right|$；反之，$\left| E^{c_{\mu_w}}_{\xi_w} \right| < \left| E^{c_{\mu_w}}_{\mu_w} \right|$ 成立。

命题 3-6 给出了影响 c_{μ_w} 的两方面因素：

其一，置信度 α 的影响。随 α 递增，$E^{c_{\mu_w}}_{\xi_w}$ 递增，但 $E^{c_{\mu_w}}_{\mu_w}$ 递增或递减由 ξ_w 决定。在高置信度下，c_{μ_w} 随 ξ_w 变动的灵敏度趋于无穷大，而随 μ_w 变动的灵敏度趋于确定值-1。

其二，特征参数 ξ_w、μ_w 的影响。随 ξ_w 递增，$E^{c_{\mu_w}}_{\mu_w}$ 递减，而 $E^{c_{\mu_w}}_{\xi_w}$ 变动方向由 μ_w 决定；随 μ_w 递增，$E^{c_{\mu_w}}_{\xi_w}$ 递增，但 $E^{c_{\mu_w}}_{\mu_w}$ 的变动方向由 ξ_w 决定。

进一步，由命题 3-6 可判断 $E^{c_{\mu_w}}_{\xi_w}$ 与 $E^{c_{\mu_w}}_{\mu_w}$ 间的相对大小，并由此可知 c_{μ_w} 随特征参数变动而变动的趋势，及其关键影响参数。

通过上述对不确定性传递系数 c_{θ_w}、c_{μ_w}、c_{ξ_w} 灵敏度的理论探讨可知，在高置信度 α 下，不确定性传递系数 c_{θ_w}、c_{μ_w}、c_{ξ_w} 变动的趋势及其关键影响参数可由命题 3-4、命题 3-5、命题 3-6 进行判定。

3.3.2.2　示例分析

Dionne G. 和 Dahen H.（2008）[94]以新巴塞尔协议规定的操作损失分类为

标准，在以损失分布法度量加拿大某银行的六类操作损失〔即内部欺诈（IF），外部欺诈（EF），就业政策和工作场所安全性（EPWS），客户、产品及业务操作（CPBP），实体资产损坏（DPA），执行、交割及流程管理（ED-PM）〕的操作风险价值的过程中，以 Weibull 分布拟合了操作损失强度，以 Poisson 分布拟合了操作损失频数，得到操作损失分布特征参数值如表 3-7 所示。

表 3-7　　　　　　　　　　　操作损失分布特征参数值

损失类型	IF	DPA	EPWS	CPBP	EDPM	EF
μ_w	0.515 9	0.337 6	0.617	3.242	9.853 5	141.261 1
ξ_w	0.59	0.52	0.57	1.30E-6	3.47E-7	0.82

根据 Weibull 分布的特点，当其形状参数小于 1 时，为重尾性分布，且形状参数越小，重尾性越强，拖尾越长，尾部越厚；反之，形状参数越大，拖尾越短，尾部越薄。由表 3-7 可知，由于这六条产品线的形状参数都小于 1，因此，这六条产品线的操作损失强度分布都呈现重尾性。

当 $\alpha = 99.9\%$ 时，由表 3-7 中特征参数 ξ_w、μ_w 以及命题 3-4，可得表 3-8。

表 3-8　　　　　　　　尺度参数不确定性传递系数弹性及其灵敏度

损失类型	$E_{\xi_w}^{c_{\theta_w}}$	$E_{\mu_w}^{c_{\theta_w}}$	$\dfrac{\partial E_{\xi_w}^{c_{\theta_w}}}{\partial \alpha}$	$\dfrac{\partial E_{\mu_w}^{c_{\theta_w}}}{\partial \alpha}$	$\dfrac{\partial E_{\xi_w}^{c_{\theta_w}}}{\partial \xi_w}$	$\dfrac{\partial E_{\mu_w}^{c_{\theta_w}}}{\partial \mu_w}$	$\dfrac{\partial E_{\xi_w}^{c_{\theta_w}}}{\partial \xi_w}$	$\dfrac{\partial E_{\mu_w}^{c_{\theta_w}}}{\partial \mu_w}$
IF	-3.11	0.27	-271.36	-43.45	5.26	-0.53	-0.46	-0.08
DPA	-3.39	0.33	-330.32	-56.74	6.51	-0.98	-0.64	-0.17
EPWS	-3.26	0.27	-273.06	-42.50	5.73	-0.44	-0.48	-0.07
CPBP	-1.61E+6	9.52E+4	-9.52E+7	-1.18E+7	1.24E+12	-2.94E+4	-7.32E+10	-3.63E+3
EDPM	-6.39E+6	3.13E+5	-3.13E+8	-3.41E+7	1.84E+13	-3.18E+4	-9.03E+11	-3.46E+3
EF	-3.02	0.10	-102.84	-8.67	3.68	-7.28E-4	-0.13	-6.14E-5

由表 3-8 可知：

（1）由于 $\ln \dfrac{\mu_w}{1-\alpha} > 1$，所以 $E_{\xi_w}^{c_{\theta_w}} < 0$，表明 c_{θ_w} 随形状参数递增而递减；总有 $E_{\mu_w}^{c_{\theta_w}} > 0$，即随频数参数递增，$c_{\theta_w}$ 总是递增。由于 $\left| -\ln \dfrac{\mu_w}{1-\alpha} \ln \left(\ln \dfrac{\mu_w}{1-\alpha} \right) \right| \geqslant$

1，所以 $\left| E_{\xi_w}^{c_{\theta_p}} \right| > E_{\mu_w}^{c_{\theta_p}}$，表明在高置信度下，形状参数的影响程度大于频数参数。

（2）随置信度递增，$E_{\xi_w}^{c_{\theta_p}}$ 和 $E_{\mu_w}^{c_{\theta_p}}$ 都递减，但 $E_{\xi_w}^{c_{\theta_p}}$ 递减速度大于 $E_{\mu_w}^{c_{\theta_p}}$ 递减速度，因此，随置信度递增，形状参数对 c_{θ_w} 的影响程度逐渐占优。

（3）由于 $\ln\left[\mu_w/(1-\alpha)\right] > 1$，所以随形状参数递增，$E_{\xi_w}^{c_{\theta_p}}$ 递增，而 $E_{\mu_w}^{c_{\theta_p}}$ 总是递减的，从变动程度上讲，前者远大于后者，这表明形状参数变动对 $E_{\xi_w}^{c_{\theta_p}}$ 的影响程度占优。随频数参数递增，总有 $E_{\xi_w}^{c_{\theta_p}}$ 和 $E_{\mu_w}^{c_{\theta_p}}$ 递减存在，在变动程度上，两者差异不大。当形状参数和频数参数同时变动时，形状参数对 $E_{\xi_w}^{c_{\theta_p}}$ 的影响程度是其中最大的，这表明形状参数对 c_{θ_p} 灵敏度的影响程度最大。

（4）高置信度（$\alpha = 99.9\%$）下，除产品线 CPBP 和 EDPM 外，其他产品线的 $E_{\mu_w}^{c_{\theta_p}}$ 都很小（近似等于 0）。产品线 CPBP 和 EDPM 的 $E_{\mu_w}^{c_{\theta_p}}$ 值的异常，是由于 $E_{\mu_w}^{c_{\theta_p}}$ 随形状参数递减而递增，这两条产品线的形状参数极小，从而使形状参数对 $E_{\mu_w}^{c_{\theta_p}}$ 的影响超过了置信度的影响，使 $E_{\mu_w}^{c_{\theta_p}}$ 异常大。

由上述分析可知，在高置信度（$\alpha = 99.9\%$）下，形状参数不仅是 c_{θ_p} 的关键影响参数，而且是 c_{θ_p} 灵敏度的关键影响参数；更进一步，随形状参数递减，不仅 c_{θ_p} 递增，而且 c_{θ_p} 灵敏度也递增，即 c_{θ_p} 是以递增速度递增。

当 $\alpha = 99.9\%$ 时，由表 3-7 中特征参数 ξ_w、μ_w 以及命题 3-5 可得表 3-9。

表 3-9　　　　　形状参数不确定性传递系数弹性及其灵敏度

损失类型	$E_{\xi_w}^{c_{\theta_L}}$	$E_{\mu_w}^{c_{\theta_L}}$	$\dfrac{\partial E_{\xi_w}^{c_{\theta_L}}}{\partial \alpha}$	$\dfrac{\partial E_{\mu_w}^{c_{\theta_L}}}{\partial \alpha}$	$\dfrac{\partial E_{\xi_w}^{c_{\theta_L}}}{\partial \xi_w}$	$\dfrac{\partial E_{\mu_w}^{c_{\theta_L}}}{\partial \mu_w}$	$\dfrac{\partial E_{\mu_w}^{c_{\theta_L}}}{\partial \xi_w}$	$\dfrac{\partial E_{\mu_w}^{c_{\theta_L}}}{\partial \mu_w}$
IF	−5.11	0.36	−271.36	−65.08	5.26	−0.53	−0.46	−0.13
DPA	−5.39	0.43	−330.32	−82.99	6.51	−0.98	−0.64	−0.25
EPWS	−5.26	0.36	−273.06	−62.53	5.73	−0.44	−0.48	−0.10
CPBP	−1.61E+6	9.52E+4	−9.52E+7	−1.18E+7	1.24E+12	−2.94E+4	−7.32E+10	−3.63E+3
EDPM	−6.39E+6	3.13E+5	−3.13E+8	−3.41E+7	1.84E+13	−3.18E+4	−9.03E+11	−3.46E+3
EF	−5.02	0.14	−102.84	−12.71	3.68	−7.28E-4	−0.13	−9.00E-5

由表 3-9 可知：

（1）因为 $\ln\dfrac{\mu_w}{1-\alpha} > \exp(-2\xi_w)$，所以 $E_{\xi_w}^{c_{\theta_L}} < 0$，表明 c_{ξ_w} 随形状参数递增而递减；因为 $\ln\dfrac{\mu_w}{1-\alpha} < e^{-\xi}$，所以 $E_{\mu_w}^{c_{\theta_L}} > 0$，表明 c_{ξ_w} 随频数参数递增而递增。

因为 $\ln\dfrac{\mu_w}{1-\alpha}\left|2\xi_w\ln(\ln\dfrac{\mu_w}{1-\alpha})+\left[\ln(\ln\dfrac{\mu_w}{1-\alpha})\right]^2\right|>\left|\xi_w+\ln(\ln\dfrac{\mu_w}{1-\alpha})\right|$，

$\left|E_{\xi_w}^{c_{\xi_w}}\right|>\left|E_{\mu_w}^{c_{\xi_w}}\right|$，表明在高置信度下，形状参数对 c_{ξ_w} 的影响程度远大于频数参数的影响。

（2）因为 $0<\xi_w\leqslant4$，所以随置信度递增，$E_{\mu_w}^{c_{\xi_w}}$ 递减，但其变动程度小于 $E_{\xi_w}^{c_{\xi_w}}$ 变动程度。因此，随置信度递增，形状参数对 c_{ξ_w} 的影响程度逐渐占优。

（3）由于 $\ln[\mu_w/(1-\alpha)]>1$，所以随形状参数递增，$E_{\xi_w}^{c_{\xi_w}}$ 递增，而 $E_{\mu_w}^{c_{\xi_w}}$ 递减，前者变动的程度远大于后者，这表明形状参数变动对 $E_{\xi_w}^{c_{\xi_w}}$ 的影响程度占优。因为 $0<\xi_w\leqslant4$，所以随频数参数递增，$E_{\mu_w}^{c_{\xi_w}}$ 递减；总存在 $E_{\xi_w}^{c_{\xi_w}}$ 递减；两者变动程度差异不大。当形状参数和频数参数同时变动时，形状参数对 $E_{\mu_w}^{c_{\xi_w}}$ 的影响程度是其中最大的，这表明形状参数对 c_{ξ_w} 灵敏度的影响程度最大。

（4）高置信度（$\alpha=99.9\%$）下，除产品线 CPBP 和 EDPM 外，其他产品线的 $E_{\mu_w}^{c_{\xi_w}}$ 都很小（近似等于 0）。产品线 CPBP 和 EDPM 的 $E_{\mu_w}^{c_{\xi_w}}$ 值的异常，是由于 $E_{\mu_w}^{c_{\xi_w}}$ 随形状参数递减而递增，这两条产品线的形状参数极小，从而使形状参数对 $E_{\mu_w}^{c_{\xi_w}}$ 的影响超过了置信度的影响，使 $E_{\mu_w}^{c_{\xi_w}}$ 异常大。

由上述分析可知，在高置信度（$\alpha=99.9\%$）下，形状参数不仅是 c_{ξ_w} 的关键影响参数，而且是 c_{ξ_w} 灵敏度的关键影响参数；更进一步，随形状参数递减，不仅 c_{ξ_w} 递增，而且 c_{ξ_w} 灵敏度也递增，即 c_{ξ_w} 是以递增速度递增。

当 $\alpha=99.9\%$ 时，由表 3-7 中特征参数 ξ_w、μ_w 以及命题 3-6 可得表 3-10。

表 3-10　　　　　　　频数参数不确定性传递系数弹性及其灵敏度

损失类型	$E_{\xi_w}^{c_{\xi_w}}$	$E_{\mu_w}^{c_{\xi_w}}$	$\dfrac{\partial E_{\xi_w}^{c_{\xi_w}}}{\partial\alpha}$	$\dfrac{\partial E_{\mu_w}^{c_{\xi_w}}}{\partial\alpha}$	$\dfrac{\partial E_{\xi_w}^{c_{\xi_w}}}{\partial\xi_w}$	$\dfrac{\partial E_{\xi_w}^{c_{\xi_w}}}{\partial\mu_w}$	$\dfrac{\partial E_{\mu_w}^{c_{\xi_w}}}{\partial\xi_w}$	$\dfrac{\partial E_{\mu_w}^{c_{\xi_w}}}{\partial\mu_w}$
IF	4.11	−0.89	271.36	−17.81	−5.26	0.53	0.46	−0.03
DPA	4.39	−0.84	330.32	−27.23	−6.51	0.98	0.64	−0.08
EPWS	4.26	−0.88	273.06	−18.28	−5.73	0.44	0.48	−0.03
CPBP	1.61E+6	9.52E+4	9.52E+7	−1.18E+7	−1.24E+12	2.94E+4	7.32E+10	−3.63E+3
EDPM	6.39E+6	3.13E+5	3.13E+8	−3.41E+7	−1.84E+13	3.18E+4	9.03E+11	−3.46E+3
EF	4.02	−0.98	102.84	−1.56	−3.68	7.28E−04	0.13	−1.11E−5

由表 3-10 可知：

（1）因为 $\ln \dfrac{\mu_w}{1-\alpha} \geqslant \exp(-\xi_w)$，所以 c_{μ_w} 随形状参数递增而递增；因为

$\ln \dfrac{\mu_w}{1-\alpha} > \xi_w^{-1} - 1$，所以随频数参数递增而递减。因为

$\left| \ln \dfrac{\mu_w}{1-\alpha} \right| \xi_w + \ln(\ln \dfrac{\mu_w}{1-\alpha}) \Big| > \Big| \xi_w + \xi_w \ln \dfrac{\mu_w}{1-\alpha} - 1 \Big|$，所以在高置信度下，形状参数对 c_{μ_w} 的影响程度远大于频数参数的影响。

（2）因为 $0 < \xi_w < 1$，所以随置信度递增，$E_{\xi_w}^{c_{\mu_w}}$ 递减，但其变动程度小于 $E_{\xi_w}^{c_{\mu_w}}$ 变动程度，因此，随置信度递增，形状参数对 c_{μ_w} 的影响程度逐渐占优。

（3）因为 $\ln[\mu_w/(1-\alpha)] > 1$，所以随形状参数递增，$E_{\xi_w}^{c_{\mu_w}}$ 递减，其变动程度大于 $E_{\mu_w}^{c_{\mu_w}}$ 变动的程度。因为 $0 < \xi_w < 1$，所以 $E_{\mu_w}^{c_{\mu_w}}$ 递减。除产品线 EF 外，在其他产品线中 $E_{\xi_w}^{c_{\mu_w}}$ 变动的程度大于 $E_{\mu_w}^{c_{\mu_w}}$ 变动的程度。当形状参数和频数参数同时变动时，形状参数对 $E_{\xi_w}^{c_{\mu_w}}$ 的影响程度是其中最大的，这表明形状参数对 c_{μ_w} 灵敏度的影响程度最大。

（4）高置信度（$\alpha = 99.9\%$）下，除产品线 CPBP 和 EDPM 外，其他产品线的 $E_{\mu_w}^{c_{\mu_w}}$ 都很小（近似等于 0）。产品线 CPBP 和 EDPM 的 $E_{\mu_w}^{c_{\mu_w}}$ 值的异常，是由于 $E_{\mu_w}^{c_{\mu_w}}$ 随形状参数递减而递增，这两条产品线的形状参数极小，从而使形状参数对 $E_{\mu_w}^{c_{\mu_w}}$ 的影响超过了置信度的影响，使 $E_{\mu_w}^{c_{\mu_w}}$ 异常大。

由上述分析可知，在高置信度（$\alpha = 99.9\%$）下，形状参数不仅是 c_{μ_w} 的关键影响参数，而且是 c_{μ_w} 灵敏度的关键影响参数；更进一步，随形状参数递减，不仅 c_{μ_w} 递增，而且 c_{μ_w} 灵敏度也递增，即 c_{μ_w} 是以递增速度递增。

3.3.3 结论

由上述示例分析可得如下结论：

第一，命题 3-4、命题 3-5 以及命题 3-6 能有效地判定出不确定性传递系数 c_{ξ_p}、c_{μ}、c_{θ_p} 变动的一般规律，从而构成操作风险度量精度变动趋势的判定模型。根据该理论模型可判定操作风险度量精度变动的趋势以及关键影响参数，从而可知操作风险度量精度变动的一般规律。

第二，针对该示例，当操作损失强度为 Weibull 分布时，高置信度（$\alpha =$

99.9%）下，形状参数是不确定性传递系数 c_ξ、c_μ、c_{θ_z} 及其灵敏度的关键影响参数，而且随形状参数递减，不确定性传递系数将以递增速度递增。也就是说，形状参数是操作风险度量精度的关键影响参数，随形状参数递减，操作风险价值置信区间长度以递增速度递增。这意味着，在高置信度 α 下，随形状参数递减，操作风险度量精度以递增速度递减。

3.4　本章小结

低频高强度操作损失事件是操作风险管理的关键对象，也是操作风险监管资本度量主要考虑的对象。实证研究表明，在损失分布法下，度量该类操作风险的最佳方法是极值模型。因此，本章分别在两类极值模型下对操作风险度量精度进行了系统研究。

在损失分布法下，操作风险是以操作风险价值为度量结果，因此，操作风险价值的置信区间长度表示操作风险度量的精度。基于此，本章分别在 BMM 类模型和 GPD 类模型中选择典型重尾分布，即 Weibull 分布和 Pareto 分布作为操作损失强度，探讨操作风险度量的精度。首先，度量出操作风险价值的标准差，得到操作风险价值的置信区间；然后，通过对不确定性传递系数灵敏度的分析，建立判定其变动趋势的一般模型，并以示例分析检验了该理论模型的有效性。在极值模型下，通过对操作风险度量精度的系统研究，可得出如下结论：

（1）操作风险度量精度灵敏度变动仅与形状参数和频数参数有关。通过命题（3-1）～命题（3-6）可知，引起不确定性传递系数灵敏度变动的参数仅为形状参数和频数参数，与尺度参数无关。由极值理论可知，形状参数的大小表明了分布尾部厚度和拖尾的长度，也即仅就操作损失强度而言，形状参数表明了操作损失强度风险的大小。损失频数的期望值代表损失频数的影响。因此，通过分析形状参数和频数参数的变动，即可得知度量精度灵敏度的变动情况。

（2）操作风险度量精度随置信度和分布特征参数变动而变动，且具有一定规律性。由命题（3-1）～（3-6）所构成的理论模型，可对影响重尾性操作风险度量精度的关键参数进行判定，并预测度量精度的变动趋势。前文的示例分析验证了理论模型的有效性。

（3）在 Pareto 分布和 Weibull 分布下，示例分析表明形状参数是影响操作风险度量精度的关键参数，且存在一般性规律：在 Pareto 分布下随形状参数递增（或在 Weibull 分布下随形状参数递减），操作风险价值置信区间长度以递增速度递增，即度量精度以递增速度递减。即在前文的示例分析中，形状参数成为影响操作风险度量精度的关键参数。

4 重尾性操作风险关键管理参数

4.1 引言

在操作风险的整体管理框架中，度量模型与管理模型的整合是非常关键的问题。目前，操作风险度量的目的一般是为了准确计量监管资本，而用直接度量结果（监管资本）的变化情况来监测管理效果，很少将操作风险度量与管理直接联系起来。这使操作风险管理措施没有针对性，管理缺乏效率。一般而言，风险度量的目的不仅在于计量监管资本，更重要的是为管理措施的制定提供依据，以实现有效降低风险的目的。但由于业界和理论界对操作风险的重视较晚，直到 2006 年底新巴塞尔协议才正式将操作风险纳入监管体系，因此，操作风险管理体系仍处在不断完善过程中，怎样将度量与管理有机结合，在操作风险领域还是一个尚待解决的问题。

目前金融机构主要采用损失分布法度量操作风险，在该方法下操作风险价值由操作损失强度分布和损失频数分布决定。Chapelle 和 Crama 等（2008）[95]研究发现，不同的操作风险管理措施可能影响不同的损失分布：某些管理措施（如"Dashboard"）仅影响损失频数分布，某些管理措施（如"Rapid reaction"）仅影响损失强度分布，而某些管理措施（如"Audit tracking""Business line"）对损失频数分布和损失强度分布都产生影响。因此，操作风险管理本质上是对操作损失分布的管理，即管理措施是通过影响损失强度分布或损失频数分布来影响操作风险，从而达到管理目的。更进一步，这意味着，不同管理措施所影响的分布特征参数不同，进而影响操作风险的程度不同，因此，操作风险管理本质上是对分布特征参数的管理。一般来说，影响操作风险价值程度最大的特征参数，是首要管理对象，因此，判定出影响操作风险价值程度最大的特征参数，对于操作风险管理具有重大意义。本章的主要任务即是对该关键管理参数进行探讨。

欲探讨影响操作风险价值的关键分布特征参数，首先须确定操作风险价值是否能够由分布特征参数以解析式方式进行表达。对于该问题，如前述分析，经 Bocker 和 KlÄuppelberg（2005）[145]、Bocker 和 Sprittulla（2006）[146]以及 Bocker（2006）[147]系统研究已得到明确结论：当以损失分布法度量操作风险时，操作风险价值的解析解在一般分布情况下是不存在的，但在估计重尾性操作风险（即操作损失强度为重尾性分布）尾部的操作风险价值时，该解析解存在。

操作风险价值存在着解析解有两方面的意义：第一，能准确判断哪一个参数对操作风险价值的影响程度最大，从而可确定操作风险管理对象；第二，当某一特征参数变化后，能准确判断操作风险价值是否变动以及怎样变动，从而能监测管理措施的效果。

操作风险价值的解析解将操作损失分布的特征参数与操作风险价值直接联系起来，这为探讨特征参数影响操作风险价值的灵敏度提供了理论基础。操作风险状况不同，损失分布特征参数不同，影响操作风险价值的灵敏度最大的特征参数可能不同，操作风险管理措施应针对的具体对象也不同。若能判别出影响操作风险价值的灵敏度最大的特征参数并作为操作风险的关键管理参数，那么，就可将操作风险度量融合到管理过程中，使管理措施具有针对性。这对于提高操作风险管理效率，完善操作风险管理体系具有重要意义。

操作风险对银行的威胁主要来自低频高强度损失事件，这是操作风险管理的主要对象。由于极值模型是度量该类操作风险尾部风险的最佳方法[55]，目前对该类风险的拟合结果也主要集中在极值模型上，因此，本章将在实证研究基础上，分别在 BMM 类模型和 GPD 类模型中选择典型重尾分布，即以 Pareto 分布模型（即第二节）和 Weibull 分布模型（即第三节）为假设，探讨操作风险的关键管理参数。首先，根据前述文献，得出高置信度下操作风险价值的解析解；然后，通过操作风险价值解析解的分析，研究操作风险价值的灵敏度，探讨操作风险的关键管理参数，并以示例检验该模型的有效性。

4.2　Pareto 分布下操作风险关键管理参数

4.2.1　Pareto 分布下操作风险价值度量

假设操作损失强度为 Pareto 分布，当以损失分布法在高置信度 α 下度量操作风险时，根据（3-3）式，操作风险价值 ［the Operational VaR，$OpVaR(\alpha)$］的解析解如下：

$$OpVaR_{\Delta t}(\alpha)_p \cong \frac{\theta_p}{\xi_p}\left[\left(\frac{\mu}{1-\alpha}\right)^{\xi_p}-1\right] \quad \xi_p>0,\ \theta_p>0,\ \mu \geqslant 0$$

根据第三章分析结论，当 $\dfrac{\mu}{1-\alpha}>1$，即 $\left(\dfrac{\mu}{1-\alpha}\right)^{\xi_p}>1$ 时，则

$$OpVaR_{\Delta t}(\alpha)>0$$

这是商业银行操作风险的一般状态，以下将探讨在该状态下操作风险监控参数的判别问题。

由（3-3）式可知，在置信度 α 一定的情况下，$OpVaR(\alpha)$ 由特征参数（ξ_p、θ_p 与 μ）决定。其中，μ 是操作损失频数分布的特征参数，ξ_p 与 θ_p 是操作损失强度分布的特征参数。不同管理措施对损失频数分布和损失强度分布的影响不同，即对特征参数（ξ_p、θ_p 与 μ）的影响不同，进而影响 $OpVaR(\alpha)$ 的程度不同，因此，对 $OpVaR(\alpha)$ 影响程度最大的特征参数即是操作风险的关键管理参数，以下将探讨该参数的判别问题。

4.2.2　关键管理参数判别模型

为全面管理操作风险，须判别出两方面的关键参数：一是判别出操作风险的关键影响参数，为当前管理措施的制定提供依据；二是判别出操作风险灵敏度的关键影响参数，从而对操作风险关键影响参数可能的变化进行监测和预测，表明未来管理措施可能修订的方向。下面将通过对 $OpVaR(\alpha)$ 灵敏度的分

析，来对此进行理论探讨。

由 Chavez-Demoulin V. 和 Allen L. 等人[92,93,90,94,95]分别所作的研究可知，由（3-3）式可知，在置信度 α 一定的情况下，$OpVaR(\alpha)$ 由特征参数（ξ_p、θ_p 与 μ）决定。ξ_p、θ_p 与 μ 的大小及变化范围差异很大，因此其变动的绝对值（$\Delta\xi_p$、$\Delta\theta_p$ 与 $\Delta\mu$）所引起的 $OpVaR(\alpha)$ 的变动 $[\Delta OpVaR(\alpha)]$ 不能充分反应特征参数对 $OpVaR(\alpha)$ 影响的灵敏度。只有特征参数的变动程度（$\Delta\xi_p/\xi_p$、$\Delta\theta_p/\theta_p$、$\Delta\mu/\mu$）所引起的 $OpVaR(\alpha)$ 变动程度 $[\Delta OpVaR(\alpha)/OpVaR(\alpha)]$，才能准确地表示 $OpVaR(\alpha)$ 相对于特征参数（ξ_p、θ_p 与 μ）变动的灵敏度。根据弹性理论：弹性表示影响某一因变量的因素发生变化时，该因变量的变动程度。因此，以 $OpVaR(\alpha)$ 的特征参数弹性来表示 $OpVaR(\alpha)$ 相对于特征参数变动的灵敏度。

定义 4-1：$OpVaR(\alpha)$ 的 ξ_p、θ_p 与 μ 弹性分别为

$$E_{\xi_p} = \lim_{\Delta\xi_p \to 0} \frac{\Delta OpVaR(\alpha)/OpVaR(\alpha)}{\Delta\xi_p/\xi_p}$$

$$E_{\theta_p} = \lim_{\Delta\theta_p \to 0} \frac{\Delta OpVaR(\alpha)/OpVaR(\alpha)}{\Delta\theta_p/\theta_p}$$

$$E_{\mu} = \lim_{\Delta\mu \to 0} \frac{\Delta OpVaR(\alpha)/OpVaR(\alpha)}{\Delta\mu/\mu}$$

即 $OpVaR(\alpha)$ 变化的百分比与 ξ_p、θ_p 与 μ 变化的百分比的比值。

将（3-3）式代入定义 4-1，可得

$$E_{\theta_p} = 1 \tag{4-1}$$

$$E_{\xi_p} = \frac{\left(\dfrac{\mu}{1-\alpha}\right)^{\xi_p}}{\left(\dfrac{\mu}{1-\alpha}\right)^{\xi_p} - 1} \times \xi_p \ln\frac{\mu}{1-\alpha} - 1 \tag{4-2}$$

$$E_{\mu} = \frac{\left(\dfrac{\mu}{1-\alpha}\right)^{\xi_p}}{\left(\dfrac{\mu}{1-\alpha}\right)^{\xi_p} - 1} \times \xi_p \tag{4-3}$$

$E_{\theta_p} = 1$ 表明 $OpVaR(\alpha)$ 的尺度参数弹性为单位弹性，即尺度参数变动 1%，操作风险价值始终变动 1%；（4-2）～（4-3）式表明形状参数弹性与频数参

数弹性都与尺度参数无关，仅与特征参数 ξ_ω 与 μ 变动有关。这是由于操作风险受到损失强度和损失频数两方面影响：在损失强度分布方面，形状参数决定了该分布尾部厚度和拖尾的长度，即决定了尾部风险大小；在损失频数分布方面，操作风险由损失频数大小决定。形状参数和频数参数分别代表了损失强度分布和损失频数分布的影响，若形状参数为关键影响参数，则表明应针对损失强度分布制定管理措施，若频数参数为关键影响参数，则表明应针对损失频数分布制定管理措施，若这两个参数影响操作风险的程度相同，则表明应同时针对损失强度和损失频数制定管理措施。在高置信度下通过对影响操作风险的关键特征参数进行判别，即可知操作风险管理措施所应针对的对象。基于此，以下将给出判别该关键参数的一般方法。

命题 4-1 在前述假定下，存在[156]：

(1) $E_{\xi_p} > 0$，当 $\alpha \to 1$ 时，$E_{\xi_p} \to +\infty$；$E_\mu > 0$，当 $\alpha \to 1$ 时，$E_\mu \to \xi_p$；

(2) 当 $\xi_p \left(\dfrac{\mu}{1-\alpha}\right)^{\xi_p} \left(\ln\dfrac{\mu}{1-\alpha} - 1\right) / \left[\left(\dfrac{\mu}{1-\alpha}\right)^{\xi_p} - 1\right] \geqslant 1$ 时，$E_{\xi_p} \geqslant E_\mu$；反之，$E_{\xi_p} < E_\mu$。

证明 首先证明（1）。令 $t = \left(\dfrac{\mu}{1-\alpha}\right)^{\xi_p}$，根据（4-2）式，有

$$E_{\xi_p} = \frac{t\ln t - t + 1}{t - 1}$$

记 $f(t) = t\ln t - t + 1$，有

$$f'(t) = \ln t$$

因 $t > 1$（前述分析结果），则

$$f'(t) > 0$$

即 $f(t)$ 单调递增；因 $t > 1$，则

$$f(t) > 0$$

所以 $E_{\xi_p} = \dfrac{t\ln t - t + 1}{t - 1} > 0$ 成立。

再根据（4-2）式可知

$$\lim_{\alpha \to 1} E_{\xi_p} = \lim_{\alpha \to 1}\left[\frac{\left(\dfrac{\mu}{1-\alpha}\right)^{\xi_p}}{\left(\dfrac{\mu}{1-\alpha}\right)^{\xi_p} - 1} \times \ln\left(\dfrac{\mu}{1-\alpha}\right)^{\xi_p} - 1\right] = +\infty$$

即当 $\alpha \to 1$ 时，$E_{\xi_p} \to +\infty$ 成立。

根据（4-3）式，因 $(\frac{\mu}{1-\alpha})^{\xi_p} > 1$ 且 $\xi_p > 0$，所以 $E_\mu > 0$ 成立。

再根据（4-3）式可知

$$\lim_{\alpha \to 1} E_\mu = \lim_{\alpha \to 1} \frac{\xi_p (\frac{\mu}{1-\alpha})^{\xi_p}}{(\frac{\mu}{1-\alpha})^{\xi_p} - 1} = \xi_p$$

即当 $\alpha \to 1$ 时，$E_\mu \to \xi_p$ 成立。

对于（2），由

$$E_{\xi_p} - E_\mu = \frac{\xi_p (\frac{\mu}{1-\alpha})^{\xi_p} (\ln \frac{\mu}{1-\alpha} - 1)}{(\frac{\mu}{1-\alpha})^{\xi_p} - 1} - 1$$

知：当 $\dfrac{\xi_p (\frac{\mu}{1-\alpha})^{\xi_p} (\ln \frac{\mu}{1-\alpha} - 1)}{(\frac{\mu}{1-\alpha})^{\xi_p} - 1} \geqslant 1$ 时，$E_{\xi_p} \geqslant E_\mu$ 成立；反之，$E_{\xi_p} < E_\mu$ 成立。

由命题 4-1 可知，操作风险的增大可能有两方面原因：其一是形状参数增大，即损失强度分布的尾部厚度增加，拖尾变长；其二是频数参数增大，即尽管每次损失强度不大，但损失频数很大，也会导致操作风险增大。进一步研究可知，两个参数的影响程度有一大致范围：当置信度 α 趋近于 1 时，形状参数对操作风险的影响程度可能变得非常大（趋于无穷大），这也意味着形状参数的影响程度不确定，没有上限值，而频数参数的影响程度趋于一个确定的常数值，即其影响程度趋向于形状参数值。这表明在高置信度下尽管频数参数的影响程度趋于确定值，但因形状参数的影响程度不确定，使得两者间相对大小不确定。

进一步比较这两个参数影响程度的差异后发现，存在某一边界，即当判别式

$$\frac{\xi_p (\frac{\mu}{1-\alpha})^{\xi_p} (\ln \frac{\mu}{1-\alpha} - 1)}{(\frac{\mu}{1-\alpha})^{\xi_p} - 1} = 1$$

时，存在边界 $E_{\xi_p} = E_\mu$，令判别式等于 1。当 α 一定时，判别式值仅由形状参数和频数参数决定，即 E_{ξ_p} 与 E_μ 间的差异程度由形状参数和频数参数决定。当 α = 99.9% 时，可得当判别式等于 1 时的边界曲线 L，即在边界上形状参数和频数参数间的变化趋势如图 4-1。

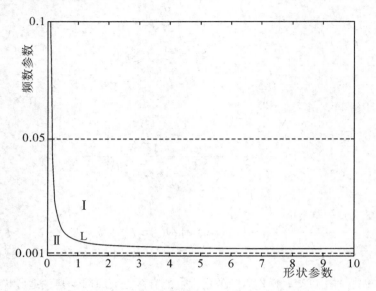

图 4-1　形状参数弹性和频数参数弹性相对大小比较

因为 $\mu/(1-\alpha) > 1$ 是模型成立的前提条件，所以 $\mu > 0.001$ 为模型的有效区域，如图 4-1 所示，以下讨论也是在模型的有效区域内讨论。在区域 I 中，判别式大于 1，形状参数对操作风险的影响程度占优，此时损失强度为操作风险的关键管理对象。在区域 II 中，判别式小于 1，频数参数对操作风险的影响程度占优，频数参数为关键影响参数，损失频数为关键管理对象。

因此，由命题 4-1 可对操作风险的关键影响参数进行判别，为监管措施的制定提供依据，同时监测操作风险的变动趋势，检验操作风险监管措施的有效性，并为下一步监管措施的制定提供依据。

由 (4-2) ~ (4-3) 式可知，操作风险灵敏度随置信度及形状参数和频数参数的变化而变化，这使形状参数和频数参数对操作风险的影响程度的相对大小发生变动，从而使操作风险的关键影响参数发生变化。为此有以下命题判别操作风险灵敏度的关键影响参数，预测和监测操作风险的关键影响参数的变动趋势。

命题4-2　在前述假定下，操作风险灵敏度有如下变动规律[156]：

（1）置信度的影响：$\dfrac{\partial E_{\xi_p}}{\partial \alpha} > 0$，$\dfrac{\partial E_\mu}{\partial \alpha} < 0$；当 $\dfrac{1}{\xi_p}\left[\left(\dfrac{\mu}{1-\alpha}\right)^{\xi_p} - \ln\left(\dfrac{\mu}{1-\alpha}\right)^{\xi_p} - 1\right] \geqslant 1$ 时，$\dfrac{\partial E_{\xi_p}}{\partial \alpha} \geqslant \left|\dfrac{\partial E_\mu}{\partial \alpha}\right|$，反之，$\dfrac{\partial E_{\xi_p}}{\partial \alpha} < \left|\dfrac{\partial E_\mu}{\partial \alpha}\right|$。

（2）特征参数的影响：

① 随 ξ_p、μ 变动，操作风险灵敏度的变动方向：$\dfrac{\partial E_{\xi_p}}{\partial \xi_p} > 0$，$\dfrac{\partial E_\mu}{\partial \xi_p} > 0$，$\dfrac{\partial E_{\xi_p}}{\partial \mu} > 0$，$\dfrac{\partial E_\mu}{\partial \mu} < 0$。

② 操作风险灵敏度关键影响参数判别：

当 $\dfrac{1}{\xi_p}\ln\left(\dfrac{\mu}{1-\alpha}\right)^\mu \geqslant 1$ 时，$\dfrac{\partial E_{\xi_p}}{\partial \xi_p} \geqslant \dfrac{\partial E_{\xi_p}}{\partial \mu}$；反之，$\dfrac{\partial E_{\xi_p}}{\partial \xi_p} < \dfrac{\partial E_{\xi_p}}{\partial \mu}$；

当 $\dfrac{\mu}{\xi_p^2}\left[\left(\dfrac{\mu}{1-\alpha}\right)^{\xi_p} - \ln\left(\dfrac{\mu}{1-\alpha}\right)^{\xi_p} - 1\right] \geqslant 1$ 时，$\dfrac{\partial E_\mu}{\partial \xi_p} \geqslant \left|\dfrac{\partial E_\mu}{\partial \mu}\right|$；反之，$\dfrac{\partial E_\mu}{\partial \xi_p} < \left|\dfrac{\partial E_\mu}{\partial \mu}\right|$；

当 $\ln\dfrac{\mu}{1-\alpha} \geqslant 1$ 时，$\dfrac{\partial E_{\xi_p}}{\partial \xi_p} \geqslant \dfrac{\partial E_\mu}{\partial \xi_p}$；反之，$\dfrac{\partial E_{\xi_p}}{\partial \xi_p} < \dfrac{\partial E_\mu}{\partial \xi_p}$；

当 $\left[\left(\dfrac{\mu}{1-\alpha}\right)^{\xi_p} - \ln\left(\dfrac{\mu}{1-\alpha}\right)^{\xi_p} - 1\right]/\xi_p \geqslant 1$ 时，$\dfrac{\partial E_{\xi_p}}{\partial \mu} \geqslant \left|\dfrac{\partial E_\mu}{\partial \mu}\right|$；反之，$\dfrac{\partial E_{\xi_p}}{\partial \mu} < \left|\dfrac{\partial E_\mu}{\partial \mu}\right|$。

证明　首先证明（1）。根据（4-2）式可得

$$\frac{\partial E_{\xi_p}}{\partial \alpha} = \frac{\xi_p\left(\dfrac{\mu}{1-\alpha}\right)^{\xi_p}}{\left[\left(\dfrac{\mu}{1-\alpha}\right)^{\xi_p} - 1\right]^2 (1-\alpha)} \times \left[\left(\dfrac{\mu}{1-\alpha}\right)^{\xi_p} - \ln\left(\dfrac{\mu}{1-\alpha}\right)^{\xi_p} - 1\right] \quad (4\text{-}4)$$

令 $t = \left(\dfrac{\mu}{1-\alpha}\right)^{\xi_p}$，记

$$h(t) = \left(\frac{\mu}{1-\alpha}\right)^{\xi_p} - \ln\left(\frac{\mu}{1-\alpha}\right)^{\xi_p} - 1 = t - \ln t - 1$$

因为 $t > 1$，则

$$h'(t) = 1 - \frac{1}{t} > 0$$

即 $h(t)$ 为单调递增函数；因 $t > 1$，则

$$h(t) > 0$$

又因 $\xi_p\left(\frac{\mu}{1-\alpha}\right)^{\xi_p} > 0$ 且 $\left[\left(\frac{\mu}{1-\alpha}\right)^{\xi_p} - 1\right]^2(1-\alpha) > 0$，所以 $\frac{\partial E_{\xi_p}}{\partial \alpha} > 0$ 成立。

由（4-3）式可得

$$\frac{\partial E_\mu}{\partial \alpha} = -\frac{\xi^2\left(\frac{\mu}{1-\alpha}\right)^{\xi_p}}{\left[\left(\frac{\mu}{1-\alpha}\right)^{\xi_p} - 1\right]^2(1-\alpha)} \tag{4-5}$$

因 $\xi_p^2\left(\frac{\mu}{1-\alpha}\right)^{\xi_p} > 0$ 且 $\left[\left(\frac{\mu}{1-\alpha}\right)^{\xi_p} - 1\right]^2(1-\alpha) > 0$，所以 $\frac{\partial E_\mu}{\partial \alpha} < 0$ 成立。

进一步，由

$$\frac{\dfrac{\partial E_{\xi_p}}{\partial \alpha}}{\left|\dfrac{\partial E_\mu}{\partial \alpha}\right|} = \frac{1}{\xi_p}\left[\left(\frac{\mu}{1-\alpha}\right)^{\xi_p} - \ln\left(\frac{\mu}{1-\alpha}\right)^{\xi_p} - 1\right]$$

可知：当 $\frac{1}{\xi_p}\left[\left(\frac{\mu}{1-\alpha}\right)^{\xi_p} - \ln\left(\frac{\mu}{1-\alpha}\right)^{\xi_p} - 1\right] \geqslant 1$ 时，$\frac{\partial E_{\xi_p}}{\partial \alpha} \geqslant \left|\frac{\partial E_\mu}{\partial \alpha}\right|$ 成立；反之，$\frac{\partial E_{\xi_p}}{\partial \alpha} < \left|\frac{\partial E_\mu}{\partial \alpha}\right|$ 成立。

对于（2）-①，随 ξ_p、μ 变动，操作风险灵敏度的变动方向：

由（4-2）式可得

$$\frac{\partial E_{\xi_p}}{\partial \xi_p} = \frac{\left(\frac{\mu}{1-\alpha}\right)^{\xi_p}\ln\frac{\mu}{1-\alpha}}{\left[\left(\frac{\mu}{1-\alpha}\right)^{\xi_p} - 1\right]^2} \times \left[\left(\frac{\mu}{1-\alpha}\right)^{\xi_p} - \ln\left(\frac{\mu}{1-\alpha}\right)^{\xi_p} - 1\right] \tag{4-6}$$

$$\frac{\partial E_{\xi_p}}{\partial \mu} = \frac{\xi_p \left(\frac{\mu}{1-\alpha}\right)^{\xi_p}}{\mu\left[\left(\frac{\mu}{1-\alpha}\right)^{\xi_p} - 1\right]^2} \times \left[\left(\frac{\mu}{1-\alpha}\right)^{\xi_p} - \ln\left(\frac{\mu}{1-\alpha}\right)^{\xi_p} - 1\right] \quad (4-7)$$

由前述分析已知

$$\left(\frac{\mu}{1-\alpha}\right)^{\xi_p} - \ln\left(\frac{\mu}{1-\alpha}\right)^{\xi_p} - 1 > 0$$

又因 $\left(\frac{\mu}{1-\alpha}\right)^{\xi_p}\ln\frac{\mu}{1-\alpha} > 0$ 且 $\left[\left(\frac{\mu}{1-\alpha}\right)^{\xi_p} - 1\right]^2 > 0$，所以 $\frac{\partial E_{\xi_p}}{\partial \xi_p} > 0$ 成立。

同理可证 $\frac{\partial E_{\xi_p}}{\partial \mu} > 0$ 成立。

由（4-3）式有

$$\frac{\partial E_{\mu}}{\partial \xi_p} = \frac{\left(\frac{\mu}{1-\alpha}\right)^{\xi_p}}{\left[\left(\frac{\mu}{1-\alpha}\right)^{\xi_p} - 1\right]^2} \times \left[\left(\frac{\mu}{1-\alpha}\right)^{\xi_p} - \ln\left(\frac{\mu}{1-\alpha}\right)^{\xi_p} - 1\right] \quad (4-8)$$

$$\frac{\partial E_{\mu}}{\partial \mu} = - \frac{\xi_p^2 \left(\frac{\mu}{1-\alpha}\right)^{\xi_p}}{\mu\left[\left(\frac{\mu}{1-\alpha}\right)^{\xi_p} - 1\right]^2} \quad (4-9)$$

前述分析已知

$$\left(\frac{\mu}{1-\alpha}\right)^{\xi_p} - \ln\left(\frac{\mu}{1-\alpha}\right)^{\xi_p} - 1 > 0$$

又因 $\left(\frac{\mu}{1-\alpha}\right)^{\xi_p} > 1$ 且 $\left[\left(\frac{\mu}{1-\alpha}\right)^{\xi_p} - 1\right]^2 > 0$，所以 $\frac{\partial E_{\mu}}{\partial \xi_p} > 0$ 成立。

因 $\xi^2\left(\frac{\mu}{1-\alpha}\right)^{\xi_p} > 0$ 且 $\mu\left[\left(\frac{\mu}{1-\alpha}\right)^{\xi_p} - 1\right]^2 > 0$，所以 $\frac{\partial E_{\mu}}{\partial \mu} < 0$ 成立。

对于（2）-②，操作风险灵敏度关键影响参数判别：

由 $\dfrac{\dfrac{\partial E_{\xi_p}}{\partial \xi_p}}{\dfrac{\partial E_{\xi_p}}{\partial \mu}} = \dfrac{1}{\xi_p}\ln\left(\dfrac{\mu}{1-\alpha}\right)^{\mu}$ 知：当 $\dfrac{1}{\xi_p}\ln\left(\dfrac{\mu}{1-\alpha}\right)^{\mu} \geqslant 1$ 时，$\dfrac{\partial E_{\xi_p}}{\partial \xi_p} \geqslant \dfrac{\partial E_{\xi_p}}{\partial \mu}$ 成立；反

之，$\dfrac{\partial E_{\xi_p}}{\partial \xi_p} < \dfrac{\partial E_{\xi_p}}{\partial \mu}$ 成立。

由 $\dfrac{\dfrac{\partial E_\mu}{\partial \xi_p}}{\left|\dfrac{\partial E_\mu}{\partial \mu}\right|} = \dfrac{\mu}{\xi_p^2}\left[\left(\dfrac{\mu}{1-\alpha}\right)^{\xi_p} - \ln\left(\dfrac{\mu}{1-\alpha}\right)^{\xi_p} - 1\right]$ 知：当 $\dfrac{\mu}{\xi_p^2}\left[\left(\dfrac{\mu}{1-\alpha}\right)^{\xi_p} - \ln\right.$

$\left.\left(\dfrac{\mu}{1-\alpha}\right)^{\xi_p} - 1\right] \geqslant 1$ 时，$\dfrac{\partial E_\mu}{\partial \xi_p} \geqslant \left|\dfrac{\partial E_\mu}{\partial \mu}\right|$；反之，$\dfrac{\partial E_\mu}{\partial \xi_p} < \left|\dfrac{\partial E_\mu}{\partial \mu}\right|$ 成立。

由 $\dfrac{\dfrac{\partial E_{\xi_p}}{\partial \xi_p}}{\dfrac{\partial E_\mu}{\partial \xi_p}} = \ln \dfrac{\mu}{1-\alpha}$ 知，当 $\ln \dfrac{\mu}{1-\alpha} \geqslant 1$ 时，$\dfrac{\partial E_{\xi_p}}{\partial \xi_p} \geqslant \dfrac{\partial E_\mu}{\partial \xi_p}$；反之，$\dfrac{\partial E_{\xi_p}}{\partial \xi_p} < \dfrac{\partial E_\mu}{\partial \xi_p}$。

由 $\dfrac{\dfrac{\partial E_{\xi_p}}{\partial \mu}}{\dfrac{\partial E_\mu}{\partial \mu}} = \dfrac{1}{\xi_p}\left[\left(\dfrac{\mu}{1-\alpha}\right)^{\xi_p} - \ln\left(\dfrac{\mu}{1-\alpha}\right)^{\xi_p} - 1\right]$ 知，当 $\left[\left(\dfrac{\mu}{1-\alpha}\right)^{\xi_p} - \ln\left(\dfrac{\mu}{1-\alpha}\right)^{\xi_p}\right.$

$\left. - 1\right]\big/\xi_p \geqslant 1$ 时，$\dfrac{\partial E_{\xi_p}}{\partial \mu} \geqslant \left|\dfrac{\partial E_\mu}{\partial \mu}\right|$；反之，$\dfrac{\partial E_{\xi_p}}{\partial \mu} < \left|\dfrac{\partial E_\mu}{\partial \mu}\right|$。

命题 4-2 表明操作风险灵敏度的变动来自两方面的影响：一是置信度的影响，置信度变化使操作风险相对于两参数的灵敏度变动方向相反，置信度越大，形状参数对操作风险的影响程度越大，频数参数的影响程度越小；二是特征参数的影响，频数参数变化使操作风险相对于两参数的灵敏度变动方向相反，而形状参数变化使操作风险相对于两参数的灵敏度变动方向相同。进一步，在置信度不变的条件下，由四个判别式可判别出操作风险灵敏度的关键影响参数，预测操作风险相对于两参数灵敏度的相对变动趋势，以此可对操作风险关键影响参数的变动趋势进行预测和监测。

因此，命题 4-1 和命题 4-2 构成一个完整的操作风险管理参数判别模型，不仅可判别操作风险的关键影响参数，而且可对该关键影响参数的变动趋势进行监测，从而为操作风险监管措施的制定或修订提供可靠依据。

4.2.3　示例分析

上述理论模型仅在一定条件下成立，应用时须检验操作风险状况是否符合该条件。首先，操作损失强度须为重尾性分布，当以广义 Pareto 分布对损失强度进行拟合时，如果为 Pareto II 型（即 Pareto 分布），即为重尾性分布，符合上述理论成立条件之一；否则，不适用上述模型。其次，求得损失强度和损失频数的特征参数值，在高置信度下，判断 $[\mu/(1-\alpha)]^{\xi_p} > 1$ 是否成立，若成立，则适用上述模型，否则不适用。

由于操作损失数据的机密性，目前没有公开的操作损失专业数据库可供研究。即使有某些文献以内部数据进行实证研究，也对数据进行了某种处理，以免泄密。2002 年，巴塞尔委员会进行了一次操作损失数据收集[157]，尽管没有发布原始的操作损失详细分类数据，但 Marco Moscadelli（2004）[90]对此次收集的操作损失的详细分类数据进行分布拟合研究表明，当置信度大于 96%时，Pareto 分布是操作损失强度的最优拟合分布，并估计出该分布下的特征参数值（如表 4-1 所示）。由于巴塞尔委员会内部银行操作风险状况具有一定相似性，如果将它们看成一个整体，那么以此操作风险数据检验上述模型具有可行性。而且，目前为止，这是公开发表的唯一真实操作风险数据，以此检验上述模型将具有很强的现实意义。

Marco Moscadelli（2004）[90]研究表明该操作风险的损失强度（Pareto 分布）为重尾性分布，且由操作损失强度和损失频数分布特征参数可知：

$$\text{当 } \alpha = 99.9\% \text{ 时，} \left(\frac{\mu}{1-\alpha}\right)^{\xi_p} > 1 \text{ 成立（如表 4-1 所示）}$$

因此，符合上述模型的应用条件，即可使用该模型判别该操作风险的监控参数。以下将在 $\alpha = 99.9\%$ 下分别对命题 4-1 和命题 4-2 进行检验。

首先检验命题 4-1。由操作损失分布特征参数和命题 4-1 可得表 4-1。

表 4-1　操作风险价值的特征参数弹性及其相对大小判别式计算表

业务线	μ	θ_p	ξ_p	$\left(\dfrac{\mu}{1-\alpha}\right)^{\xi_p}$	E_{ξ_p}	E_μ	$\dfrac{\xi_p\left(\dfrac{\mu}{1-\alpha}\right)^{\xi_p}\left(\ln\dfrac{\mu}{1-\alpha}-1\right)}{\left(\dfrac{\mu}{1-\alpha}\right)^{\xi_p}-1}$
BL_1	1.80	774	1.19	7 477.81	7.920 9	1.190 2	7.731
BL_2	7.40	254	1.17	33 651.24	9.424 1	1.170 0	9.254
BL_3	13.00	233	1.01	14 291.66	8.568 1	1.010 1	8.558

表 4-1(续)

业务线	μ	θ_p	ξ_p	$\left(\dfrac{\mu}{1-\alpha}\right)^{\xi_p}$	E_{ξ_p}	E_μ	$\dfrac{\xi_p\left(\dfrac{\mu}{1-\alpha}\right)^{\xi_p}\left(\ln\dfrac{\mu}{1-\alpha}-1\right)}{\left(\dfrac{\mu}{1-\alpha}\right)^{\xi_p}-1}$
BL_4	4.70	412	1.39	127 120.63	10.753 0	1.390 0	10.363
BL_5	3.92	107	1.23	26 312.43	9.178 2	1.230 0	8.947
BL_6	4.29	243	1.22	26 981.64	9.203 3	1.220 0	8.985
BL_7	2.60	314	0.85	799.33	5.692 1	0.851 1	5.841
BL_8	8.00	124	0.98	6 683.87	7.808 8	0.980 1	7.829

注:业务线 BL_1-BL_8 的分类标准出自新巴塞尔协议

由表 4-1 可知:

$$E_{\xi_p} > 0, \ E_\mu > 0$$

表明操作风险随形状参数或频数参数递增而递增;$E_\mu \cong \xi_p$,因 $\alpha = 99.9\%$,α 趋于 1,因此频数参数对操作风险的影响程度很接近于一个确定值(形状参数)。

因业务线 BL_1-BL_8 都满足

$$\xi_p\left(\frac{\mu}{1-\alpha}\right)^{\xi_p}\left(\ln\frac{\mu}{1-\alpha}-1\right)\Big/\left[\left(\frac{\mu}{1-\alpha}\right)^{\xi_p}-1\right] \geqslant 1$$

所以,$E_{\xi_p} > E_\mu$ 成立。这表明形状参数对操作风险的影响程度大于频数参数,且根据判别式大小可知两参数影响程度的差异。其中,BL_7 的判别式最小为 5.841,即在该业务线两参数影响程度的差异最小;BL_4 的判别式最大为 10.363,即在该业务线两参数影响程度的差异最大。因此,形状参数是操作风险的关键监控参数,操作风险监管的主要对象是操作损失强度,因而应修订并加强快速反应(rapid reaction)、业务线持续计划(business continuity)等管理措施[95]。但因在不同业务线中形状参数的影响程度存在差异,所以监管措施的力度应根据该差异而有所不同,即对于影响程度大的业务线,其监管措施的力度要相应加大;反之,监管措施的力度应小一些。

其次,检验命题 4-2。由操作损失分布特征参数和命题 4-2 可得表 4-2。

表 4-2　　　　　E_{ξ_p} 和 E_μ 随 α、ξ_p、μ 变动而变动的敏感度

业务线	$\dfrac{\partial E_{\xi_p}}{\partial \alpha}$	$\dfrac{\partial E_\mu}{\partial \alpha}$	$\dfrac{\partial E_{\xi_p}}{\partial \xi_p}$	$\dfrac{\partial E_{\xi_p}}{\partial \mu}$	$\dfrac{\partial E_\mu}{\partial \xi_p}$	$\dfrac{\partial E_\mu}{\partial \mu}$
BL_1	1 188. 966 0	$-0.189\ 4$	7. 489 0	0. 660 5	0. 999 1	$-0.000\ 1$
BL_2	1 169. 725 0	$-0.040\ 7$	8. 907 1	0. 158 1	0. 999 8	0. 000 0
BL_3	1 009. 401 1	$-0.071\ 4$	9. 467 1	0. 077 6	0. 999 4	0. 000 0
BL_4	1 389. 918 5	$-0.015\ 2$	8. 454 8	0. 295 7	0. 999 9	0. 000 0
BL_5	1 229. 659 9	$-0.057\ 5$	8. 271 6	0. 313 7	0. 999 7	0. 000 0
BL_6	1 219. 667 0	$-0.055\ 2$	8. 361 8	0. 284 3	0. 999 7	0. 000 0
BL_7	842. 682 1	$-0.906\ 1$	7. 795 6	0. 324 1	0. 991 4	$-0.000\ 3$
BL_8	978. 828 5	$-0.143\ 7$	8. 976 5	0. 122 4	0. 998 8	0. 000 0

由表 4-2 可知：

（1）置信度 α 变动对操作风险价值灵敏度的影响程度：

$$\frac{\partial E_{\xi_p}}{\partial \alpha} > 0, \quad \frac{\partial E_\mu}{\partial \alpha} < 0$$

这表明置信度的变化使操作风险相对于两参数的灵敏度发生相反变动，置信度越大，形状参数对操作风险的影响越大，而频数参数的影响越小。

（2）形状参数变动对操作风险价值灵敏度的影响程度：

$$\frac{\partial E_\mu}{\partial \xi_p} > 0, \quad \frac{\partial E_{\xi_p}}{\partial \xi_p} > 0$$

这表明操作风险灵敏度随形状参数递增而递增。

（3）形状参数变动对操作风险价值灵敏度的影响程度：

$$\frac{\partial E_{\xi_p}}{\partial \mu} > 0, \quad \frac{\partial E_\mu}{\partial \mu} \leqslant 0$$

这表明频数参数的变化使操作风险相对于两参数的灵敏度发生相反变动，频数参数的增大使 E_{ξ_p} 增大，而对 E_μ 影响很小（几乎为零）。

以上分析了当置信度和分布特征参数变动时操作风险价值灵敏度变动的方向。其实，在置信度 α 不变条件下，形状参数和频数参数对操作风险灵敏度的影响程度不同。该差异可进一步由命题 4-2 中的四个判别式来进行判断，四个判别式的计算结果如表 4-3 所示。

表 4-3　　　　　　操作风险灵敏度变动程度比较的判别式计算表

业务线	$\dfrac{1}{\xi_p}\ln\left(\dfrac{\mu}{1-\alpha}\right)^{\mu}$	$\dfrac{\mu}{\xi_p^2}\left[\left(\dfrac{\mu}{1-\alpha}\right)^{\xi_p}-\ln\left(\dfrac{\mu}{1-\alpha}\right)^{\xi_p}-1\right]$	$\ln\dfrac{\mu}{1-\alpha}$	$\left[\left(\dfrac{\mu}{1-\alpha}\right)^{\xi_p}-\ln\left(\dfrac{\mu}{1-\alpha}\right)^{\xi_p}-1\right]/\xi_p$
BL_1	11.337 8	9.49E+03	7.495 5	6.28E+03
BL_2	56.349	1.82E+05	8.909 2	2.88E+04
BL_3	121.925 9	1.82E+05	9.472 7	1.41E+04
BL_4	28.589 9	3.09E+05	8.455 3	9.14E+04
BL_5	26.368 7	6.81E+04	8.274 6	2.14E+04
BL_6	29.411 3	7.78E+04	8.363 0	2.21E+04
BL_7	24.052 3	2.85E+03	7.863 3	9.31E+02
BL_8	73.364 9	5.56E+04	8.987 2	6.81E+03

当 $\alpha = 99.9\%$ 时，由表 4-3 可判别操作风险价值灵敏度的关键影响参数，判别过程如下：

（1）当形状参数和频数参数都同时变动时，E_{ξ_p} 的变动程度。因为

$$\frac{1}{\xi_p}\ln\left(\frac{\mu}{1-\alpha}\right)^{\mu} > 1$$

所以

$$\frac{\partial E_{\xi_p}}{\partial \xi_p} > \frac{\partial E_{\xi_p}}{\partial \mu}$$

这表明对于操作风险相对于形状参数的灵敏度，形状参数的影响程度要大于频数参数的影响程度，且根据判别式的大小可知两参数影响程度的差异。其中：BL_1 的判别式最小为 11.337 8，即在该业务线中两参数影响程度的差异最小；BL_3 的判别式最大为 121.925 9，即在该业务线中两参数影响程度的差异最大。因此，形状参数是主要影响参数，但在不同业务线中影响程度存在差异。

（2）当形状参数和频数参数都同时变动时，E_{μ} 的变动程度。因为

$$\frac{\mu}{\xi_p^2}\left[\left(\frac{\mu}{1-\alpha}\right)^{\xi_p}-\ln\left(\frac{\mu}{1-\alpha}\right)^{\xi_p}-1\right] > 1$$

所以

$$\frac{\partial E_{\mu}}{\partial \xi_p} > \left|\frac{\partial E_{\mu}}{\partial \mu}\right|$$

这表明对于操作风险相对于频数参数的灵敏度，形状参数的影响程度远大于频数参数的影响程度，且根据判别式的大小可知两参数影响程度的差异。其中：BL7 的判别式最小为 2.85E+03，即在该业务线中两参数影响程度的差异最小；BL4 的判别式最大为 3.09E+05，即在该业务线中两参数影响程度的差异最大。因此，形状参数是主要影响参数，但在不同业务线中影响程度存在差异。

上述分析表明形状参数为 E_{ξ_p} 和 E_μ 的主要影响参数，是操作风险灵敏度的关键影响参数，但是，其影响程度不同。因为

$$\ln \frac{\mu}{1 - \alpha} > 1$$

所以

$$\frac{\partial E_{\xi_p}}{\partial \xi_p} > \frac{\partial E_\mu}{\partial \xi_p}$$

这表明形状参数对 E_{ξ_p} 的影响程度大于对 E_μ 的影响程度，且根据判别式大小可知其影响程度差异。其中：BL_1 的判别式最小为 7.495 5，即在该业务线中的差异最小；BL_3 的判别式最大为 9.472 7，即在该业务线中的差异最大。因此，形状参数主要是通过影响 E_{ξ_p} 而对操作风险灵敏度产生影响。

4.2.4 结论

上述示例分析表明，在 Pareto 分布下操作风险关键管理参数判别模型，能有效地判别出操作风险的关键管理参数，并能有效地预测操作风险变动趋势和一般规律。即根据命题 4-1 和命题 4-2，示例分析有效地判别出：

第一，因为 $\xi_p \left(\frac{\mu}{1 - \alpha} \right)^{\xi_p} (\ln \frac{\mu}{1 - \alpha} - 1) / [\left(\frac{\mu}{1 - \alpha} \right)^{\xi_p} - 1]$ 远大于 1，所以形状参数是操作风险价值的关键影响参数。

第二，因为总存在 $E_{\xi_p} > 0$，所以随形状参数递增，操作风险价值递增，操作风险越大。

第三，因为由命题 4-2 可知，总存在

$$\frac{\partial E_{\xi_p}}{\partial \xi_p} > 0, \ \frac{\partial E_\mu}{\partial \xi_p} > 0$$

所以随形状参数递增，操作风险变动灵敏度呈现递增趋势。

因此，针对上述示例，随形状参数递增，操作风险价值递增，且递增速度不断增加，也即操作风险相对于形状参数的变化将变得越来越敏感，形状参数成为管理操作风险的关键参数。

4.3 Weibull 分布下操作风险关键管理参数

4.3.1 Weibull 分布下操作风险价值度量

根据前述文献对操作损失强度的拟合结果，假设操作损失强度为 Weibull 分布：

$$F_w(x) = 1 - \exp\left[-\left(\frac{x}{\theta_w}\right)^{\xi_w}\right], \, x > 0, \, \xi_w > 0, \, \theta_w > 0 \qquad (4-10)$$

式中，x 表示操作损失强度；θ_w 表示 Weibull 分布尺度参数；ξ_w 表示 Weibull 分布形状参数

将 (4-10) 式代入 (3-1) 式，得如下公式[141]：

$$OpVaR_{\Delta t}(\alpha)_w \cong \theta_w \left(\ln\frac{\mu}{1-\alpha}\right)^{\frac{1}{\xi_w}}, \, \xi_w > 0, \, \theta_w > 0, \, \mu \geqslant 0 \qquad (4-11)$$

因 $\dfrac{\mu}{1-\alpha} \geqslant 1$，则 $\ln\dfrac{\mu}{1-\alpha} \geqslant 0$，所以 $\left(\ln\dfrac{\mu}{1-\alpha}\right)^{\frac{1}{\xi_w}} \geqslant 0$，$OpVaR_{\Delta t}(\alpha)_w \geqslant 0$，即 (4-11) 式有意义。

当 $\mu/(1-\alpha) = 1$ 时，则 $OpVaR_{\Delta t}(\alpha)_w = 0$，即不存在操作风险。如果金融机构停止业务活动，那么，将不存在操作风险。

当 $\mu/(1-\alpha) > 1$ 时，则 $OpVaR_{\Delta t}(\alpha)_w > 0$，这是商业银行操作风险的一般状态，以下将探讨在该状态下操作风险关键管理参数的判别问题。

由 (4-11) 式可知，在置信度 α 一定的情况下，$OpVaR(\alpha)$ 由特征参数（θ_w、ξ_w、μ）决定。其中，μ 是损失频数分布的特征参数，θ_w 和 ξ_w 是损失强度分布的特征参数。不同管理措施对损失频数分布和损失强度分布的影响不同[95]，即对特征参数（θ_w、ξ_w、μ）的影响不同，进而影响 $OpVaR(\alpha)$ 的程度不同。因此，对 $OpVaR(\alpha)$ 影响程度最大的特征参数，即是操作风险的关键管理参数。

以下将探讨该参数的判别问题。

4.3.2 关键管理参数判别模型

为全面管理操作风险，须判别出两方面的关键参数：一是判别出操作风险的关键影响参数，为当前管理措施的制定提供依据；二是判别出操作风险灵敏度的关键影响参数，从而对操作风险关键影响参数可能的变化进行监测和预测，表明未来管理措施可能修订的方向。下面将通过对 $OpVaR(\alpha)$ 灵敏度的分析，来对此进行理论探讨。

由于特征参数（θ_w、ξ_w、μ）大小及变化范围差异很大[94]，其变动绝对值（$\Delta\theta_w$、$\Delta\xi_w$、$\Delta\mu$）引起 $OpVaR(\alpha)$ 的变动 [$\Delta OpVaR(\alpha)$] 不能充分反应特征参数影响 $OpVaR(\alpha)$ 的灵敏度。只有特征参数变动的程度（$\Delta\xi_w/\xi_w$、$\Delta\theta_w/\theta_w$、$\Delta\mu/\mu$）引起 $OpVaR(\alpha)$ 变动的程度 [$\Delta OpVaR(\alpha)/OpVaR(\alpha)$]，才能准确表示 $OpVaR(\alpha)$ 相对于特征参数（θ_w、ξ_w、μ）变动的灵敏度。根据弹性理论：因变量变动百分比与其某一自变量变动百分比的比值，为因变量相对于该自变量的弹性。因此，可以以 $OpVaR(\alpha)$ 的特征参数弹性来表示 $OpVaR(\alpha)$ 相对于特征参数变动的灵敏度。

定义 4-2　$OpVaR(\alpha)$ 相对于 θ_w、ξ_w、μ 的弹性分别为

$$E_{\xi_w} = \lim_{\Delta\xi_w \to 0} \frac{\Delta OpVaR(\alpha)/OpVaR(\alpha)}{\Delta\xi_w/\xi_w}$$

$$E_{\theta_w} = \lim_{\Delta\theta_w \to 0} \frac{\Delta OpVaR(\alpha)/OpVaR(\alpha)}{\Delta\theta_w/\theta_w}$$

$$E_{\mu} = \lim_{\Delta\mu \to 0} \frac{\Delta OpVaR(\alpha)/OpVaR(\alpha)}{\Delta\mu/\mu}$$

将（4-11）式代入定义 4-2，可得

$$E_{\theta_w} = 1 \qquad\qquad (4-12)$$

$$E_{\xi_w} = -\ln\left(\ln\frac{\mu}{1-\alpha}\right)^{\xi_w^{-1}} \qquad\qquad (4-13)$$

$$E_{\mu} = \left(\xi_w\ln\frac{\mu}{1-\alpha}\right)^{-1} \qquad\qquad (4-14)$$

（4-12）式表明 $OpVaR(\alpha)$ 的尺度参数弹性为单位弹性，即 θ_w 变动 1%，

$OpVaR(\alpha)$ 始终变动 1%；（4-13）~（4-14）式表明形状参数弹性与频数参数弹性都与尺度参数无关，表明尺度参数不影响 $OpVaR(\alpha)$ 相对于特征参数 ξ_w 与 μ 变动的灵敏度。这是由于操作风险受到损失强度和损失频数两方面的影响：在损失强度分布方面，形状参数决定了该分布尾部厚度和拖尾的长度，即决定了尾部风险大小；在损失频数分布方面，操作风险由损失频数大小决定。形状参数和频数参数分别代表了损失强度分布和损失频数分布的影响。当形状参数为关键影响参数时，表明损失强度的影响是主要的；当频数参数为关键影响参数时，表明损失频数分布的影响是主要的。因此，操作风险关键影响参数的判别，实际上是在形状参数和频数参数间进行判别，从而判断出对操作风险起关键影响作用的操作损失分布。以下将给出判别该关键参数的一般方法。

命题 4-3　在前述假定下，

（1）$E_\mu > 0$；当 $0 < \ln\dfrac{\mu}{1-\alpha} \leqslant 1$ 时，$E_{\xi_*} \geqslant 0$，当 $\ln\dfrac{\mu}{1-\alpha} > 1$ 时，$E_{\xi_*} < 0$。

（2）当 $\alpha \to 1$ 时，$E_{\xi_*} \to -\infty$，$E_\mu \to 0$。

（3）当 $\left| -\ln\dfrac{\mu}{1-\alpha}\ln(\ln\dfrac{\mu}{1-\alpha}) \right| \geqslant 1$ 时，$|E_{\xi_*}| \geqslant E_\mu$；反之，$|E_{\xi_*}| < E_\mu$。

证明　在前述假定下，首先证明（1）。由（4-13）式可知：

因为 $(\ln\dfrac{\mu}{1-\alpha})^{\frac{1}{\xi_*}} \geqslant 0$ 且 $\xi_w > 0$，所以

当 $0 < \ln\dfrac{\mu}{1-\alpha} \leqslant 1$ 时，$E_{\xi_*} \geqslant 0$，当 $\ln\dfrac{\mu}{1-\alpha} > 1$ 时，$E_{\xi_*} < 0$ 成立。

由（4-14）式可知：因为 $\ln\dfrac{\mu}{1-\alpha} \geqslant 0$ 且 $\xi_w > 0$，所以 $E_\mu = (\xi_w\ln\dfrac{\mu}{1-\alpha})^{-1} > 0$。

对于（2）。由（4-13）式可得

$$\lim_{\alpha\to 1}E_{\xi_*} = \lim_{\alpha\to 1}\left[-\ln(\ln\dfrac{\mu}{1-\alpha})^{\xi_*^{-1}} \right] = -\infty$$

即当 $\alpha \to 1$ 时，$E_{\xi_*} \to -\infty$ 成立。

由（4-14）式可得

$$\lim_{\alpha\to 1}E_\mu = \lim_{\alpha\to 1}(\xi_w\ln\dfrac{\mu}{1-\alpha})^{-1} = 0$$

即当 $\alpha \to 1$ 时，$E_\mu \to 0$ 成立。

对于（3）。由 $\dfrac{E_{\xi_w}}{E_\mu} = \dfrac{-\ln\left(\ln\dfrac{\mu}{1-\alpha}\right)^{\xi_w^{-1}}}{\left(\xi_w \ln\dfrac{\mu}{1-\alpha}\right)^{-1}} = -\ln\dfrac{\mu}{1-\alpha}\ln\left(\ln\dfrac{\mu}{1-\alpha}\right)$ 可知：

当 $\left|\ln\dfrac{\mu}{1-\alpha}\ln\left(\ln\dfrac{\mu}{1-\alpha}\right)\right| \geqslant 1$ 时，$|E_{\xi_w}| \geqslant |E_\mu|$；反之，$|E_{\xi_w}| < |E_\mu|$。

由命题 4-3 可知，操作风险的增大可能有两方面原因：其一是频数参数增加，即尽管每次损失强度可能不大，但损失频数增加，会导致操作风险增大。其二是形状参数变动：当 $\ln[\mu/(1-\alpha)] > 1$ 时，若形状参数递减，即操作损失强度分布的尾部厚度增加，操作风险增大；反之，若形状参数递增，操作风险递减；当 $0 < \ln[\mu/(1-\alpha)] \leqslant 1$ 时，若形状参数递减，即操作损失强度分布的尾部厚度增加，操作风险减小；反之，若形状参数递增，操作风险递增。这意味着，欲使操作风险发生相同变化，管理措施会因操作风险状况的不同而使形状参数变化的方向完全相反。因此，在操作风险管理实践中，若形状参数为关键管理参数，应根据操作风险的具体状况，首先由该条件来进行判断，以确定管理措施应使形状参数变动的方向。

进一步研究可知，理论上，当置信度 α 趋近于 1（非常高）时，形状参数对操作风险的影响程度可能变得非常大（趋于无穷），频数参数的影响程度可能变得非常小（趋于零）。两参数影响操作风险的程度差异可由判别式 $|\ln[\mu/(1-\alpha)]\ln\{\ln[\mu/(1-\alpha)]\}|$ 的大小表示，判别式越大，其差异越大。

令 $\Delta E = -\ln[\mu/(1-\alpha)]\ln\{\ln[\mu/(1-\alpha)]\}$，随 α 递增，判别式 $|\Delta E|$ 递增，该差异程度不断扩大；当 α 一定时，判别式值仅由 μ 决定，即 $|E_{\xi_w}|$ 与 E_μ 间的差异程度由 μ 决定。当 $\alpha = 99.9\%$ 时，判别式随 μ 变化的趋势如图 4-2 所示。

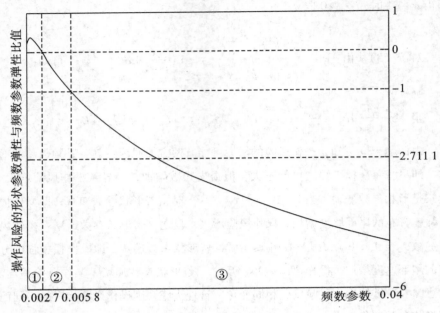

图 4-2　E_{ξ_w} 与 E_{μ} 比值随 μ 变化的趋势

因 $\mu/(1-\alpha) > 1$，则 $\mu > 0.001$，因此，图 4-2 中横坐标以 $\mu = 0.001$ 为起始点。当 $\Delta E = 0$ 时，$\mu = 0.002\,7$，$E_{\xi_w} = 0$，即形状参数变化不影响操作风险。当 $\Delta E = -1$ 时，$\mu = 0.005\,8$，即形状参数递增，操作风险越小，且形状参数和频数参数影响操作风险的程度相同。由此，可将 μ 的所有取值范围分成三个区域进行探讨，由图 4-2 所示：

① 当 $0.001 < \mu < 0.002\,7$ 时，$\Delta E > 0$ 且 $|\Delta E| < 1$，存在 $E_{\xi_w} > 0$ 且 $E_{\xi_w} < E_{\mu}$。此时，形状参数递增，操作风险越大，频数参数影响操作风险的程度大于形状参数的影响程度，频数参数为操作风险的主要影响参数，即损失频数分布为主要管理对象。

② 当 $0.002\,7 < \mu < 0.005\,8$ 时，$\Delta E < 0$ 且 $|\Delta E| < 1$，存在 $E_{\xi_w} < 0$ 且 $|E_{\xi_w}| < E_{\mu}$。此时，形状参数递增，操作风险越小，频数参数影响操作风险的程度大于形状参数的影响程度，频数参数为操作风险的主要影响参数。

③ 当 $\mu > 0.005\,8$ 时，$\Delta E < 0$ 且 $|\Delta E| > 1$，存在 $E_{\xi_w} < 0$ 且 $|E_{\xi_w}| > E_{\mu}$。此时，形状参数递增，操作风险越小，形状参数影响操作风险的程度大于频数参数的影响程度，形状参数为操作风险的主要影响参数，即损失强度分布为主

要管理对象。μ 越大，图 4-2 中操作风险的状态位置往右下方移动，判别式越大，$|E_{\xi_w}|$ 与 E_μ 间的差异程度越大，形状参数在管理中的重要性越强，管理力度应越大。

因此，根据金融机构在不同操作风险状况下损失分布特征参数所处区域的不同，由命题 4-3 可判别操作风险的关键管理参数，从而判别出应进行管理的主要损失分布对象。这不仅可为管理措施的制定或修订提供依据，而且可检验管理措施效果，监测操作风险变动趋势。

由（4-13）~（4-14）式可知，在一定的置信度条件下，操作风险价值弹性随形状参数和频数参数的变化而变化，这使 E_{ξ_w} 和 E_μ 相对大小发生变动，从而使操作风险的主要影响参数发生变化，即使操作风险的主要分布发生变化。为此，下面由命题 4-4 进一步探讨 E_{ξ_w} 和 E_μ 的变动规律。

命题 4-4 在前述假定下，存在

（1）操作风险灵敏度的变动方向：当 $\ln \dfrac{\mu}{1-\alpha} \geqslant 1$ 时，$\dfrac{\partial E_{\xi_w}}{\partial \xi_w} \geqslant 0$，当 $0 < \ln \dfrac{\mu}{1-\alpha} < 1$ 时，$\dfrac{\partial E_{\xi_w}}{\partial \xi_w} < 0$；$\dfrac{\partial E_{\xi_w}}{\partial \mu} < 0$；$\dfrac{\partial E_\mu}{\partial \xi_w} < 0$，$\dfrac{\partial E_\mu}{\partial \mu} < 0$；

（2）操作风险灵敏度变动程度比较：

① 当 $\left| -\dfrac{\mu}{\xi_w} \ln \dfrac{\mu}{1-\alpha} \ln(\ln \dfrac{\mu}{1-\alpha}) \right| \geqslant 1$ 时，$\left| \dfrac{\partial E_{\xi_w}}{\partial \xi_w} \right| \geqslant \left| \dfrac{\partial E_{\xi_w}}{\partial \mu} \right|$；反之，$\left| \dfrac{\partial E_{\xi_w}}{\partial \xi_w} \right| < \left| \dfrac{\partial E_{\xi_w}}{\partial \mu} \right|$；

② 当 $\left| \dfrac{\mu}{\xi_w} \ln \dfrac{\mu}{1-\alpha} \right| \geqslant 1$ 时，$\left| \dfrac{\partial E_\mu}{\partial \xi_w} \right| \geqslant \left| \dfrac{\partial E_\mu}{\partial \mu} \right|$；反之，$\left| \dfrac{\partial E_\mu}{\partial \xi_w} \right| < \left| \dfrac{\partial E_\mu}{\partial \mu} \right|$；

③ 当 $\left| -\ln \dfrac{\mu}{1-\alpha} \ln(\ln \dfrac{\mu}{1-\alpha}) \right| \geqslant 1$ 时，$\left| \dfrac{\partial E_{\xi_w}}{\partial \xi_w} \right| \geqslant \left| \dfrac{\partial E_\mu}{\partial \xi_w} \right|$；反之，$\left| \dfrac{\partial E_{\xi_w}}{\partial \xi_w} \right| < \left| \dfrac{\partial E_\mu}{\partial \xi_w} \right|$；

④ 当 $\ln \dfrac{\mu}{1-\alpha} \geqslant 1$ 时，$\left| \dfrac{\partial E_{\xi_w}}{\partial \mu} \right| \geqslant \left| \dfrac{\partial E_\mu}{\partial \mu} \right|$；反之，$\left| \dfrac{\partial E_{\xi_w}}{\partial \mu} \right| < \left| \dfrac{\partial E_\mu}{\partial \mu} \right|$。

证明 首先证明（1）。由（4-13）式可得：

$$\frac{\partial E_{\xi_w}}{\partial \xi_w} = \xi_w^{-2} \ln(\ln \frac{\mu}{1-\alpha}) \tag{4-15}$$

$$\frac{\partial E_{\xi_w}}{\partial \mu} = -\left(\xi_w \mu \ln \frac{\mu}{1-\alpha} \right)^{-1} \tag{4-16}$$

因为 $\xi_w > 0$，$\ln \frac{\mu}{1-\alpha} \geqslant 0$，且 $\mu > 0$，则：

由 (4-15) 式可知，当 $\ln \frac{\mu}{1-\alpha} \geqslant 1$ 时，$\frac{\partial E_{\xi_w}}{\partial \xi_w} \geqslant 0$，当 $0 < \ln \frac{\mu}{1-\alpha} < 1$ 时，$\frac{\partial E_{\xi_w}}{\partial \xi_w} < 0$；

由 (4-16) 式可知，$\frac{\partial E_{\xi_w}}{\partial \mu} < 0$。

由 (4-14) 式有

$$\frac{\partial E_{\mu}}{\partial \xi_w} = -\xi_w^{-2} \left(\ln \frac{\mu}{1-\alpha} \right)^{-1} \tag{4-17}$$

$$\frac{\partial E_{\mu}}{\partial \mu} = -\xi_w^{-1} \mu^{-1} \left(\ln \frac{\mu}{1-\alpha} \right)^{-2} \tag{4-18}$$

因为 $\xi_w > 0$，$\ln \frac{\mu}{1-\alpha} \geqslant 0$，$\mu > 0$，则：

由 (4-17) 式知 $\frac{\partial E_{\mu}}{\partial \xi_w} < 0$；

由 (4-18) 式知 $\frac{\partial E_{\mu}}{\partial \mu} < 0$。

对于 (2)，根据

$$\frac{\dfrac{\partial E_{\xi_w}}{\partial \xi_w}}{\dfrac{\partial E_{\xi_w}}{\partial \mu}} = -\frac{\mu}{\xi_w} \ln \frac{\mu}{1-\alpha} \ln(\ln \frac{\mu}{1-\alpha})$$

可知：当 $\left| -\dfrac{\mu}{\xi_w} \ln \dfrac{\mu}{1-\alpha} \ln(\ln \dfrac{\mu}{1-\alpha}) \right| \geqslant 1$ 时，$\left| \dfrac{\partial E_{\xi_w}}{\partial \xi_w} \right| \geqslant \left| \dfrac{\partial E_{\xi_w}}{\partial \mu} \right|$；反之，$\left| \dfrac{\partial E_{\xi_w}}{\partial \xi_w} \right| < \left| \dfrac{\partial E_{\xi_w}}{\partial \mu} \right|$。

根据

$$\frac{\partial E_\mu}{\partial \xi_w} \bigg/ \frac{\partial E_\mu}{\partial \mu} = \frac{\mu}{\xi_w} \ln \frac{\mu}{1-\alpha}$$

可知：当 $\left| \dfrac{\mu}{\xi_w} \ln \dfrac{\mu}{1-\alpha} \right| \geqslant 1$ 时，$\left| \dfrac{\partial E_\mu}{\partial \xi_w} \right| \geqslant \left| \dfrac{\partial E_\mu}{\partial \mu} \right|$；反之，$\left| \dfrac{\partial E_\mu}{\partial \xi_w} \right| < \left| \dfrac{\partial E_\mu}{\partial \mu} \right|$。

根据

$$\frac{\partial E_{\xi_w}}{\partial \xi_w} \bigg/ \frac{\partial E_\mu}{\partial \xi_w} = -\ln \frac{\mu}{1-\alpha} \ln \left(\ln \frac{\mu}{1-\alpha} \right)$$

可知：当 $\left| -\ln \dfrac{\mu}{1-\alpha} \ln \left(\ln \dfrac{\mu}{1-\alpha} \right) \right| \geqslant 1$ 时，$\left| \dfrac{\partial E_{\xi_w}}{\partial \xi_w} \right| \geqslant \left| \dfrac{\partial E_\mu}{\partial \xi_w} \right|$；反之，$\left| \dfrac{\partial E_{\xi_w}}{\partial \xi_w} \right| <$ $\left| \dfrac{\partial E_\mu}{\partial \xi_w} \right|$。

根据

$$\frac{\partial E_{\xi_w}}{\partial \mu} \bigg/ \frac{\partial E_\mu}{\partial \mu} = \ln \frac{\mu}{1-\alpha}$$

可知：当 $\ln \dfrac{\mu}{1-\alpha} \geqslant 1$ 时，$\left| \dfrac{\partial E_{\xi_w}}{\partial \mu} \right| \geqslant \left| \dfrac{\partial E_\mu}{\partial \mu} \right|$；反之，$\left| \dfrac{\partial E_{\xi_w}}{\partial \mu} \right| < \left| \dfrac{\partial E_\mu}{\partial \mu} \right|$。

由命题 4-4 知，随频数参数递增，E_{ξ_w} 和 E_μ 都会递减；随形状参数递增，E_μ 递减，但 E_{ξ_w} 因操作风险状况不同而出现完全相反的变化，即当 $\ln[\mu/(1-\alpha)] \geqslant 1$ 时，E_{ξ_w} 递增，当 $0 < \ln[\mu/(1-\alpha)] < 1$ 时，E_{ξ_w} 递减。因此，若针对形状参数实施管理措施，应根据命题 4-4 给出的条件来判定 E_{ξ_w} 的变动方向。

形状参数和频数参数影响 E_{ξ_w} 和 E_μ 的程度差异，可由四个判别式来比较，并可判别出影响程度最大的特征参数。根据命题 4-4 分别令：

$$\frac{\mu}{\xi_w} \ln \frac{\mu}{1-\alpha} \ln \left(\ln \frac{\mu}{1-\alpha} \right) = 1$$

$$\frac{\mu}{\xi_w} \ln \frac{\mu}{1-\alpha} = 1$$

当 $\alpha = 99.9\%$ 时，可得如图 4-3 所示的情况。

在曲线 L_1 上表示 ξ_w 与 μ 变动影响 E_{ξ_w} 的程度相同，L_1 左边区域表示 ξ_w 的影响程度小于 μ 的影响程度，L_1 右边区域则为相反情况。

在曲线 L_2 上表示 ξ_w 与 μ 变动影响 E_μ 的程度相同，L_2 左边区域表示 ξ_w 的影

响程度小于 μ 的影响程度，L_2 右边区域则为相反情况。

曲线 L_1 与 L_2 相交于坐标点（0.015 1，0.041），在该交点处表示 ξ_w 与 μ 变动对 E_μ 和 E_{ξ_w} 的影响程度相同。因此，L_1 与 L_2 将坐标平面分成四个区域 I、II、III 以及 IV，不同区域表示操作风险的不同状况。

根据命题 4-4 分别令：

$$\Delta E_1 = \ln \frac{\mu}{1-\alpha} \ln \left(\ln \frac{\mu}{1-\alpha} \right)$$

$$\Delta E_2 = \ln \frac{\mu}{1-\alpha}$$

当 $\alpha = 99.9\%$ 时，得如图 4-4 所示的情况。

曲线 L'_1 表示 ξ_w 变化对 E_{ξ_w} 和 E_μ 的影响程度差异，当 $\mu = 0.005\ 8$ 时，$\Delta E_1 = 1$，表示二者影响程度相同，因此，L'_1 将坐标平面分成判别式 ΔE_1 大于 1 和小于 1 的两个不同区域。

曲线 L'_2 表示 μ 变化对 E_{ξ_w} 和 E_μ 的影响程度差异，当 $\mu = 0.002\ 7$ 时，$\Delta E_2 = 1$，表明二者影响程度相同，因此，L'_2 将坐标平面分成判别式 ΔE_2 大于 1 和小于 1 的两个不同区域。

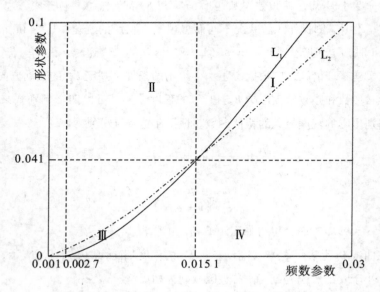

图 4-3 ξ_w 与 μ 对 E_{ξ_w}（或 E_μ）的影响程度差异

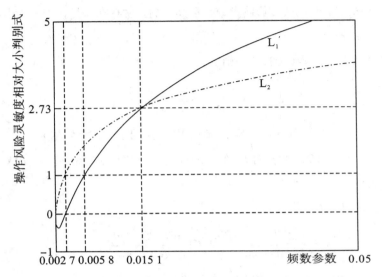

图 4-4　ξ_w（或 μ）对 E_{ξ_w} 与 E_μ 的影响程度差异

因为 $\mu/(1-\alpha)>1$，则 $\mu>0.001$，因此，在图 4-3 和图 4-4 中横坐标都是以 $\mu=0.001$ 为起始点。在图 4-3 和图 4-4 中，因 ξ_w 和 μ 所在区域不同，操作风险灵敏度的关键影响参数也不同：

在区域 Ⅰ，有

$$\left|\frac{\partial E_{\xi_w}}{\partial \xi_w}\right| > \left|\frac{\partial E_{\xi_w}}{\partial \mu}\right| \text{ 且 } \left|\frac{\partial E_\mu}{\partial \xi_w}\right| < \left|\frac{\partial E_\mu}{\partial \mu}\right|$$

表明 ξ_w 为 E_{ξ_w} 的关键影响参数，μ 为 E_μ 的关键影响参数。

因在区域 Ⅰ 有 $\mu>0.015\,1$，则进一步由图 4-4 可知：

$$\left|\frac{\partial E_{\xi_w}}{\partial \xi_w}\right| > \left|\frac{\partial E_\mu}{\partial \xi_w}\right| \text{ 及 } \left|\frac{\partial E_{\xi_w}}{\partial \mu}\right| > \left|\frac{\partial E_\mu}{\partial \mu}\right|$$

所以，

$$\left|\frac{\partial E_{\xi_w}}{\partial \xi_w}\right| > \left|\frac{\partial E_{\xi_w}}{\partial \mu}\right| > \left|\frac{\partial E_\mu}{\partial \mu}\right| > \left|\frac{\partial E_\mu}{\partial \xi_w}\right|$$

即 ξ_w 对 E_{ξ_w} 的影响最大。

在区域 Ⅱ，有

$$\left|\frac{\partial E_{\xi_w}}{\partial \xi_w}\right| < \left|\frac{\partial E_{\xi_w}}{\partial \mu}\right| \text{ 且 } \left|\frac{\partial E_\mu}{\partial \xi_w}\right| < \left|\frac{\partial E_\mu}{\partial \mu}\right|$$

表明 μ 为 E_{ξ_*} 和 E_μ 的关键影响参数，但其影响程度存在差异，进一步由图 4-4 中 L'_2 来进行判别。

若 $0.001 < \mu < 0.0027$，则有

$$\left|\frac{\partial E_{\xi_*}}{\partial \mu}\right| < \left|\frac{\partial E_\mu}{\partial \mu}\right|$$

即 μ 对 E_{ξ_*} 的影响程度小于对 E_μ 的影响程度，μ 越小，该差异越大。

若 $\mu > 0.0027$，则 μ 对 E_{ξ_*} 的影响程度大于对 E_μ 的影响程度，μ 越大，该差异越大。

在区域Ⅲ，有

$$\left|\frac{\partial E_{\xi_*}}{\partial \xi_w}\right| < \left|\frac{\partial E_{\xi_*}}{\partial \mu}\right| \ \text{且} \ \left|\frac{\partial E_\mu}{\partial \xi_w}\right| > \left|\frac{\partial E_\mu}{\partial \mu}\right|$$

表明 μ 为 E_{ξ_*} 的关键影响参数，ξ_w 为 E_μ 的关键影响参数。

因在区域Ⅲ有 $\mu < 0.0151$，则进一步由图 4-4 知：

若 $0.001 < \mu < 0.0027$，则

$$\left|\frac{\partial E_{\xi_*}}{\partial \xi_w}\right| < \left|\frac{\partial E_\mu}{\partial \xi_w}\right| \ \text{且} \ \left|\frac{\partial E_{\xi_*}}{\partial \mu}\right| < \left|\frac{\partial E_\mu}{\partial \mu}\right|$$

所以，

$$\left|\frac{\partial E_\mu}{\partial \xi_w}\right| > \left|\frac{\partial E_\mu}{\partial \mu}\right| > \left|\frac{\partial E_{\xi_*}}{\partial \mu}\right| > \left|\frac{\partial E_{\xi_*}}{\partial \xi_w}\right|$$

即 ξ_w 对 E_μ 的影响最大。

若 $0.0027 < \mu < 0.0058$，则

$$\left|\frac{\partial E_{\xi_*}}{\partial \xi_w}\right| < \left|\frac{\partial E_\mu}{\partial \xi_w}\right| \ \text{且} \ \left|\frac{\partial E_{\xi_*}}{\partial \mu}\right| > \left|\frac{\partial E_\mu}{\partial \mu}\right|$$

所以，

$$\left|\frac{\partial E_{\xi_*}}{\partial \mu}\right| \left(\text{或} \left|\frac{\partial E_\mu}{\partial \mu}\right|\right) > \left|\frac{\partial E_\mu}{\partial \mu}\right| \ \text{及} \ \left|\frac{\partial E_{\xi_*}}{\partial \mu}\right| \left(\text{或} \left|\frac{\partial E_\mu}{\partial \xi_w}\right|\right) > \left|\frac{\partial E_{\xi_*}}{\partial \xi_w}\right|$$

这表明一参数对另一参数弹性的影响程度总是大于参数对其自身弹性的影响程度；

若 $0.0058 < \mu < 0.0151$，则

$$\left|\frac{\partial E_{\xi_w}}{\partial \xi_w}\right| > \left|\frac{\partial E_\mu}{\partial \xi_w}\right| \text{ 且 } \left|\frac{\partial E_{\xi_w}}{\partial \mu}\right| > \left|\frac{\partial E_\mu}{\partial \mu}\right|$$

所以，

$$\left|\frac{\partial E_{\xi_w}}{\partial \mu}\right| > \left|\frac{\partial E_{\xi_w}}{\partial \xi_w}\right| > \left|\frac{\partial E_\mu}{\partial \xi_w}\right| > \left|\frac{\partial E_\mu}{\partial \mu}\right|$$

即 μ 对 E_{ξ_w} 的影响最大。

在区域Ⅳ，有

$$\left|\frac{\partial E_{\xi_w}}{\partial \xi_w}\right| > \left|\frac{\partial E_{\xi_w}}{\partial \mu}\right| \text{ 且 } \left|\frac{\partial E_\mu}{\partial \xi_w}\right| > \left|\frac{\partial E_\mu}{\partial \mu}\right|$$

表明 ξ_w 为 E_{ξ_w} 和 E_μ 的主要影响参数，但其影响程度存在差异，进一步由图4-4中 L_1' 来进行判别。

若 $0.001 < \mu < 0.005\,8$，则

$$\left|\frac{\partial E_{\xi_w}}{\partial \xi_w}\right| < \left|\frac{\partial E_\mu}{\partial \xi_w}\right|$$

即 ξ_w 对 E_{ξ_w} 的影响程度小于对 E_μ 的影响程度，μ 越小，该差异越大；

若 $\mu > 0.005\,8$，则

$$\left|\frac{\partial E_{\xi_w}}{\partial \xi_w}\right| > \left|\frac{\partial E_\mu}{\partial \xi_w}\right|$$

即 ξ_w 对 E_{ξ_w} 的影响程度大于对 E_μ 的影响程度，μ 越大，该差异越大。

以上根据命题4-4分析并比较了不同操作风险状况（即在 ξ_w 与 μ 所有取值区域上）下操作风险灵敏度变动程度，由此，根据金融机构操作损失分布特征参数 ξ_w 及 μ 所在区域，即可判别出 E_{ξ_w} 和 E_μ 的关键影响参数，从而可预测和监测操作风险关键影响参数可能发生的变动。

命题4-3和命题4-4构成完整的操作风险管理参数判别模型，不仅可判别操作风险的关键影响参数，而且可对该关键影响参数的变动进行预测和监测。进一步，这意味着该模型可辨识出是强度分布还是频数分布对操作风险起着关键影响作用，且可对其可能的变化进行预测和监测，从而为管理措施的制定或修订提供可靠依据。

4.3.3 示例分析

由上述理论模型建立的逻辑过程可知，该模型仅在一定条件下才成立，在

应用时须检验操作风险状况是否符合该条件：首先，操作损失强度须为重尾性分布，当以广义极值分布拟合损失强度时，如果为 Weibull 分布，即为重尾性分布，符合上述理论成立条件，否则，不适用上述模型；其次，求得损失强度分布和损失频数分布的特征参数值，在高置信度下，判断 $\mu/(1-\alpha) > 1$ 是否成立，若成立，则适用上述模型，否则不适用。

由于操作损失数据的机密性，目前没有公开的操作损失专业数据库可供研究，因此，以其他文献实证拟合所得操作损失分布的特征参数值为依据，对上述模型进行检验。Dionne G. 和 Dahen H. （2008）[94]以新巴塞尔协议规定的操作损失分类为标准，在以损失分布法度量加拿大某银行的六类操作损失［即内部欺诈（IF），外部欺诈（EF），就业政策和工作场所安全性（EPWS），客户、产品及业务操作（CPBP），实体资产损坏（DPA），执行、交割及流程管理（EDPM）］的操作风险价值的过程中，以 Weibull 分布拟合了操作损失强度，以 Poisson 分布拟合了操作损失频数，得到操作损失分布特征参数值如表4-4 所示。

Weibull 分布为重尾性分布，而且，当 $\alpha = 99.9\%$ 时，$\mu/(1-\alpha) > 1$ 成立（如表4-4 所示），因此，符合上述模型的应用条件，即可使用该模型判别该银行操作风险的关键管理参数。以下将在 $\alpha = 99.9\%$ 下以该文献所得损失分布特征参数值检验上述模型。

表4-4　　　　　　　　操作风险价值灵敏度的相对大小判别

损失类型	μ	ξ_w	$\dfrac{\mu}{1-\alpha} > 1$	ΔE
IF	0.515 9	0.59	5.20E+02	−11.442 1
DPA	0.337 6	0.52	3.40E+02	−10.255 9
EPWS	0.617 0	0.57	6.20E+02	−11.951 4
CPBP	3.242 0	1.3E-6	3.24E+03	−16.894 5
EDPM	9.853 5	3.47E-7	9.85E+03	−20.402 5
EF	141.261 1	0.82	1.41E+05	−29.326 1

首先，以命题4-3 判别操作风险的关键影响参数。由表4-4 知，$|\Delta E|$ 远大于1，因此，形状参数对操作风险的影响程度远大于频数参数的影响程度，

且判别式 $|\Delta E|$ 的大小表明两参数影响操作风险的程度差异大小。在六类操作损失中，EF 的判别式最大，表明两参数影响的程度差异最大，而 DPA 的判别式最小，表明两参数影响的程度差异最小。

该结论也可由图 4-2 直观地看出：六类损失都处于 $\Delta E < -1$ 的区域位置（图中未标注），处于最右下区域位置的损失类型为 EF，该类损失分布的两特征参数影响的程度差异最大；处于最左上位置的损失类型为 DPA，该类损失分布的两特征参数影响的程度差异最小。在该银行，这六类操作损失的关键管理参数都是形状参数，操作损失强度成为关键管理对象，因而应修订并加强快速反应（rapid reaction）、业务线持续计划（business continuity）等管理措施[95]。但在不同业务线中，形状参数的影响程度存在差异。因此，管理措施的力度应根据该差异而有所不同，即对于影响程度大的业务线，其管理措施的力度要相应加大；反之，管理措施的力度应小一些。

其次，由命题 4-4 可判别操作风险灵敏度的关键影响参数。由命题 4-4 和表 4-4 中特征参数值可得表 4-5。

表 4-5　　　　　　操作风险灵敏度变动程度比较的判别式计算

损失类型	$\left\|\dfrac{\mu}{\xi_w}\ln\dfrac{\mu}{1-\alpha}\ln(\ln\dfrac{\mu}{1-\alpha})\right\|$	$\left\|\dfrac{\mu}{\xi_w}\ln\dfrac{\mu}{1-\alpha}\right\|$	$\left\|-\ln\dfrac{\mu}{1-\alpha}\ln(\ln\dfrac{\mu}{1-\alpha})\right\|$	$\ln\dfrac{\mu}{1-\alpha}$
IF	10.0	5.461 5	11.442 1	6.245 9
DPA	6.70	3.779 7	10.255 9	5.821 9
EPWS	12.9	6.954 6	11.951 4	6.424 9
CPBP	4.21E+07	2.02E+07	16.894 5	8.083 9
EDPM	5.79E+08	2.61E+08	20.402 5	9.195 6
EF	5.05E+03	2.04E+03	29.326 1	11.858 4

由表 4-5 可知，所有判别式都大于 1，则有

$$\left|\frac{\partial E_{\xi_w}}{\partial \xi_w}\right| > \left|\frac{\partial E_{\xi_w}}{\partial \mu}\right| \quad \text{且} \quad \left|\frac{\partial E_\mu}{\partial \xi_w}\right| > \left|\frac{\partial E_\mu}{\partial \mu}\right|$$

即形状参数为 E_{ξ_w} 和 E_μ 的主要影响参数，但其影响程度存在差异。

进一步，因 $\Delta E_1 > 1$，则有

$$\left| \frac{\partial E_{\xi_w}}{\partial \xi_w} \right| > \left| \frac{\partial E_{\mu}}{\partial \xi_w} \right|$$

即形状参数对 E_{ξ_w} 的影响程度大于对 E_{μ} 的影响程度，且频数参数越大，ΔE_1 越大，表明该差异越大。

该结论也可由图 4-3 和图 4-4 得出：在图 4-3 中损失分布特征参数坐标位于区域 Ⅳ，在图 4-4 中损失分布特征参数坐标位于 $\mu > 0.005\ 8$ 的区域。因此，形状参数为操作风险灵敏度的关键影响参数。

归纳上述示例分析可知，该银行的上述六类操作风险，形状参数既是其操作风险的关键影响参数，也是其操作风险灵敏度的关键影响参数。因此，形状参数为该银行的关键管理参数，即损失强度分布为关键管理对象。

因为 $\ln \dfrac{\mu}{1 - \alpha} > 1$，则由命题 4-3 可知

$$E_{\xi_w} < 0$$

即，随形状参数递增，操作风险价值递减。

因为 $\ln \dfrac{\mu}{1 - \alpha} > 1$，则由命题 4-4 可知

$$\frac{\partial E_{\xi_w}}{\partial \xi_w} > 0$$

即，随形状参数递增，操作风险相对于形状参数的灵敏度递增。

这意味着随形状参数递增，操作风险价值递减的速度是不断增加的，也即操作风险相对于形状参数的变化将变得越来越敏感，形状参数成为管理操作风险的关键参数。只要针对形状参数制定管理措施，且在不同业务线间，根据形状参数的影响程度的差异调整管理措施的力度，就能有效提高操作风险管理效率。

4.3.4 结论

上述示例分析表明，在 Weibull 分布下操作风险关键管理参数判别模型，能有效地判别出操作风险的关键管理参数，并能有效地预测操作风险变动趋势和一般规律。即根据命题 4-3 和命题 4-4，示例分析有效地判别出：

第一，因为 $|\Delta E|$ 远大于 1，所以形状参数是操作风险价值的关键影响参数。

第二，因为 $E_{\xi_w} < 0$，所以随形状参数递增，操作风险价值递减，操作风险越小。

第三，因为 $\ln \dfrac{\mu}{1-\alpha} > 1$，所以由命题4-4可知 $\dfrac{\partial E_{\xi_w}}{\partial \xi_w} > 0$；尽管总存在 $\dfrac{\partial E_\mu}{\partial \xi_w} < 0$，但因 $\Delta E_1 > 1$，即形状参数对操作风险灵敏度的影响程度占优。因此，随形状参数递增，操作风险变动灵敏度呈现递增趋势。

因此，针对该示例，随形状参数递增，操作风险价值递减的速度是不断增加的，也即操作风险相对于形状参数的变化将变得越来越敏感，形状参数成为管理操作风险的关键参数。只要针对形状参数制定管理措施，且在不同业务线间，根据形状参数的影响程度的差异调整管理措施的力度，就能有效提高操作风险管理效率。

4.4 本章小结

针对重尾性操作风险，本章以极值分布模型为研究基础，分别在 BMM 类模型和 GPD 类模型中选择典型重尾分布，即以 Weibull 分布和 Pareto 分布作为操作损失强度，探讨了操作风险的关键管理参数，并进行了示例分析，得出如下结论：

第一，在 Pareto 分布和 Weibull 分布下，所建立的操作风险关键管理参数判别模型，能有效地判别出操作风险的关键管理参数。

根据命题4-1～命题4-4，示例分析有效地判别出，形状参数不仅是操作风险价值的关键影响参数，而且是操作风险价值灵敏度的关键影响参数。因此，针对该示例，欲有效地控制操作风险，就须控制住形状参数。

第二，根据该理论模型，可建立操作风险动态管理系统。

首先，以该理论模型判别出操作风险的关键管理参数，并针对该关键参数制定管理措施。其次，待该管理措施实施一定时间后，可以该理论模型检验管理措施的有效性。如果损失分布特征参数未发生变化，说明管理措施无效；如果损失分布特征参数发生变化，说明管理措施有效。然后，分析该模型输出结果，并修订管理措施。若管理措施无效，则应分析原因，重新修订措施；如管理措施有效，则应分析是否达到目的，分析偏差来源，并调整措施力度。最后，将修订后的措施再输入管理系统。如此反复，形成一个连续的反馈系统，对操作风险进行动态管理和动态监测，从而有效遏制操作风险的发生。

第三，以该关键管理参数为制定措施的依据，可将度量模型与管理模型联系起来，使两个模型的整合成为可能，从而使操作风险管理框架成为一个完整的有机体系，提高管理效率。在操作风险的整体管理框架中，度量模型与管理模型的整合是非常关键的问题。从现有文献看，度量模型系统和管理模型系统还是两个分离的系统，没有整合在一起。如果能够从度量的角度找到对操作风险影响程度最大的特征参数，针对该关键特征参数制定管理措施，便可将管理与度量整合在一个模型中。

第四，将本章和第三章示例分析结论结合起来，可得出如下具有重大意义的政策建议。

根据本章和第三章示例分析可知：在 Pareto 分布和 Weibull 分布下，形状参数不仅是操作风险关键影响参数，而且是操作风险度量精度的关键影响参数。在高置信度 α 下，随形状参数变化（Pareto 分布下随形状参数递增，或 Weibull 分布下随形状参数递减），一方面操作风险监管资本以递增速度递增，而另一方面监管资本度量精度以递增速度递减。也就是说操作风险越大，操作风险度量精度越差。

在操作风险度量精度随操作风险大小而变动的情况下，以置信度 $\alpha = 99.9\%$ 时的操作风险价值 $OpVaR(99.9\%)$ 的点估计值来作为监管资本的提取方式，就可能存在不合理性。因为监管资本越大，度量精度越差，所以在提取监管资本时，不应以监管资本点估计值来作为监管资本，而应该将监管资本的额度控制在一个区间内，操作风险越大，监管资本额度区间越大。这样可将监管资本提取方式改进为：在监管资本置信区间的下限提取监管资本，从置信下限到置信上限，配置以无风险资产。由此，同时考虑监管资本及相应度量精度变化，监管资本越大，其度量精度越差，因而可给出一个更大的监管资本的控制范围。这样可使操作风险的监管更加合理，且使被监管机构在资本配置上具有一定的灵活性。

5 操作损失强度分布选择

5.1 引言

现有文献研究发现损失强度分布具有显著的重尾性，该类风险也是新巴塞尔协议监管的主要对象。在高置信度下度量重尾性操作风险，极值模型法是一种最佳方法[55]。极值模型主要有两类[24]：经典区组样本极大值模型（BMM 模型）和广义 Pareto 模型（GPD 模型）。

在实证研究中，Dionne G. 等研究者[94-95]同时将这两类极值模型用于拟合同一操作损失强度样本。若从 BMM 模型中拟合得到的损失强度分布模型和从 GPD 模型中拟合得到的损失强度分布模型，都有很接近的拟合优度，或者若在两类分布模型下度量结果差异较小，此时损失强度分布类型的选择就会出现让人难以抉择的情况。

一般，操作风险度量有两个目的，一是确定监管资本量；二是为管理措施的制定提供可靠依据，提高管理效率。从第四章的结论可知，操作风险管理本质上是对操作损失强度分布或损失频数分布的管理，因此，欲提高操作风险的管理效率，必须使管理措施具有针对性，即针对影响操作风险灵敏度最大的损失分布（或分布特征参数）制定管理措施；且管理措施的有效性只能通过操作损失分布（或分布特征参数）的变化才能得到准确监测，并为进一步修订管理措施提供可靠依据；基于此，操作风险管理系统应该是一个连续的动态系统：对某一损失分布（或分布特征参数）采取管理措施后，其效果通过损失分布（或分布特征参数）的变化来监测——或分布发生变化，或分布模型不变而其特征参数变化——并度量出操作风险价值；然后，根据上述变化来修订管理措施，再通过操作损失分布变化或特征参数变化监测其措施的效果，并再次针对上述变化来修订管理措施，如此反复，就形成一个连续的动态管理系统。因此，操作风险价值相对于损失分布或特征参数变动的灵敏度，将会在很大程度上决定操作风险管理系统的灵敏度。

操作风险管理系统的灵敏度对操作风险管理效率具有决定性作用，即管理系统的灵敏度越大，管理效率越高。由于损失强度分布模型的选择，不仅影响操作风险度量，而且影响操作风险管理系统的灵敏度。实际上，操作风险管理和度量具有同等的重要性。基于此，以操作风险管理系统灵敏度为标准，来选择损失强度分布，可将损失强度分布模型的选择与操作风险管理效率结合起来，即从管理效率的角度来选择损失强度分布模型，这对于提高操作风险管理效率具有重大意义。

从现有文献对操作损失强度样本的拟合结果来看，主要集中在 Pareto 分布模型[92,93,90,94,95]（即 GPD 模型）和 Weibull 分布模型[94-95]（即 BBM 模型），因此，本章将以这两种分布为例，以操作风险管理系统灵敏度为标准，探讨操作损失强度分布模型选择的问题。

Chapelle A. 等人[95]对某机构"资产管理/执行、交割及流程管理"的操作损失强度进行了实证研究，并以操作损失强度样本分别拟合了 Weibull 分布和 Pareto 分布，得到两分布的特征参数。本章将以此为例，当操作损失强度分布分别为 Weibull 分布和 Pareto 分布时，通过对比操作风险价值相对于特征参数变动的灵敏度，进行操作损失强度分布模型的选择。根据前述研究所得出的高置信度下操作风险价值的解析解，以仿真方法比较 Weibull 分布和 Pareto 分布下操作风险价值的灵敏度，进行损失强度分布模型的选择。

5.2　操作风险价值度量

根据前述分析，在操作损失强度为重尾性分布的情况下，当以损失分布法度量操作风险的尾部风险时，在高置信度 α 下，操作风险价值存在解析解。

根据第三章结论，当操作损失强度为 Pareto 分布时，在高置信度 α 下，操作风险价值 [the Operational VaR，$OpVaR(\alpha)$] 解析解如下：

$$OpVaR_{\Delta t}(\alpha)_p \cong \frac{\theta_p}{\xi_p}\left[\left(\frac{\mu}{1-\alpha}\right)^{\xi_p} - 1\right] \quad \xi_p > 0,\ \theta_p > 0,\ \mu \geqslant 0$$

式中，Δt 表示估计 $OpVaR(\alpha)$ 的目标期间；α 表示由操作损失强度分布和损失频率分布复合成的复合分布的置信度；θ_p 表示 Pareto 分布尺度参数；ξ_p 表示 Pareto 分布形状参数；μ 表示当目标期间为 Δt 时操作损失频数的期望值。

根据第四章的结论，当操作损失强度分布为 Weibull 分布时，在高置信度 α 下，$OpVaR(\alpha)$ 解析解如下：

$$OpVaR_{\Delta t}(\alpha)_w \cong \theta_w \left(\ln\frac{\mu}{1-\alpha}\right)^{\frac{1}{\xi_w}},\ \xi_w > 0,\ \theta_w > 0,\ \mu \geqslant 0 \quad (4\text{-}11)$$

式中，Δt 表示估计 $OpVaR(\alpha)$ 的目标期间；α 表示由操作损失强度分布和损失频率分布复合成的复合分布的置信度；θ_w 表示 Weibull 分布尺度参数；ξ_w 表示 Weibull 分布形状参数；μ 表示当目标期间为 Δt 时操作损失频数的期望值。

根据第三章和第四章的结论，有

$$当\ \frac{\mu}{1-\alpha} > 1\ 时，则\ OpVaR_{\Delta t}(\alpha)_p > 0,\ OpVaR_{\Delta t}(\alpha)_w > 0$$

这是商业银行操作风险的一般状态，以下将在该状态下对操作风险价值灵敏度进行比较。

由（3-3）和（4-11）式可知，在置信度 α 一定的情况下，$OpVaR(\alpha)$ 由特征参数（ξ、θ、μ）决定。在这三个特征参数（ξ、θ、μ）中，μ 是操作损失频数的特征参数，ξ 和 θ 是操作损失强度的特征参数。操作损失强度分布不同，$OpVaR(\alpha)$ 相对于特征参数（ξ、θ、μ）变动的灵敏度可能存在差异，操作风险管理系统灵敏度从而存在差异。因此，$OpVaR(\alpha)$ 相对于特征参数（ξ、θ、μ）的灵敏度反映了操作风险管理系统的灵敏度。以下将通过 $OpVaR(\alpha)$ 相对于特征参数（ξ、θ、μ）变动的灵敏度的比较分析，对操作损失强度的分布模型进行选择。

5.3 操作风险价值灵敏度的比较分析

由前述文献知，由于特征参数（ξ、θ、μ）大小及变化范围差异很大，其变动绝对值（$\Delta\theta$、$\Delta\xi$、$\Delta\mu$）引起 $OpVaR(\alpha)$ 的变动 $[\Delta OpVaR(\alpha)]$ 不能充分反应特征参数影响 $OpVaR(\alpha)$ 的灵敏度。只有特征参数变动的程度（$\Delta\xi/\xi$、$\Delta\theta/\theta$、$\Delta\mu/\mu$）引起 $OpVaR(\alpha)$ 变动的程度 $[\Delta OpVaR(\alpha)/OpVaR(\alpha)]$，才能准确表示 $OpVaR(\alpha)$ 相对于特征参数（ξ、θ、μ）变动的灵敏度。根据弹性理论：因变量变动百分比与某一自变量变动百分比的比值，为因变量相对于该自变量的弹性。因此，以 $OpVaR(\alpha)$ 的特征参数弹性来表示 $OpVaR(\alpha)$ 相对于特征参数变动的灵敏度。

根据第四章，$OpVaR(\alpha)_p$ 相对于 ξ_p、θ_p 与 μ 的弹性分别为

$$E_{\theta_p} = 1 \tag{4-1}$$

$$E_{\xi_p} = \frac{\left(\dfrac{\mu}{1-\alpha}\right)^{\xi_p}}{\left(\dfrac{\mu}{1-\alpha}\right)^{\xi_p} - 1} \times \xi_p \ln \frac{\mu}{1-\alpha} - 1 \tag{4-2}$$

$$E_{\mu_p} = \frac{\left(\dfrac{\mu}{1-\alpha}\right)^{\xi_p}}{\left(\dfrac{\mu}{1-\alpha}\right)^{\xi_p} - 1} \times \xi_p \tag{4-3}$$

根据第四章，$OpVaR(\alpha)_w$ 相对于 θ_w、ξ_w、μ 的弹性分别为

$$E_{\theta_w} = 1 \tag{4-12}$$

$$E_{\xi_w} = -\ln\left(\ln\frac{\mu}{1-\alpha}\right)^{\xi_w^{-1}} \tag{4-13}$$

$$E_{\mu_w} = \left(\xi_w \ln \frac{\mu}{1-\alpha}\right)^{-1} \tag{4-14}$$

由 Chapelle A. 等人的研究[95]可知，"资产管理/执行、交割及流程管理"的操作损失频数均值为 $\mu = 712$，其操作损失强度在 Pareto 分布下的特征参数为 $\theta_p = 0.498$、$\xi_p = 6.79$。由（4-1）~（4-3）式可得，$OpVaR(\alpha)$ 的特征参

数弹性随置信度 α 变化的趋势，如图 5-1~图 5-3。

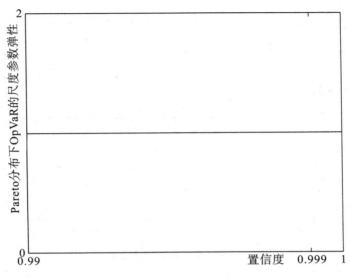

图 5-1 　 E_{θ_p} 的变化趋势图

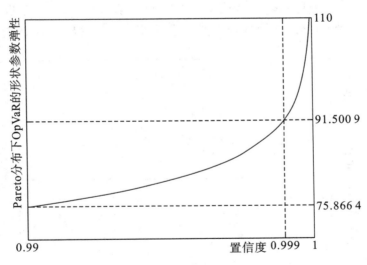

图 5-2 　 E_{ξ_p} 的变化趋势图

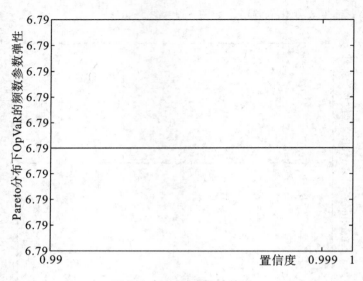

图 5-3 E_{μ_p} 的变化趋势图

当以 Weibull 分布拟合上述产品线操作损失强度时，特征参数为：$\xi_w = 4.416$、$\theta_w = 0.094$。由 （4-12） ~ （4-14） 式可得，在 Weibull 分布下 $OpVaR(\alpha)$ 的特征参数弹性随置信度 α 变化的趋势，如图 5-4~图 5-6。

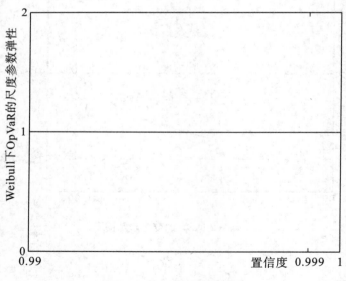

图 5-4 E_{θ_w} 的变化趋势图

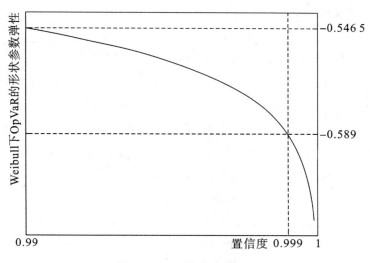

图 5-5 E_{ξ_w} 的变化趋势图

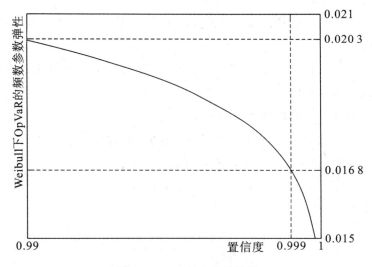

图 5-6 E_{μ_w} 的变化趋势图

对比图（5-1）~（5-6）可发现，操作损失强度在 Pareto 分布和 Weibull 分布下，$OpVaR(\alpha)$ 的特征参数弹性随置信度 α 变化趋势具有一些明显的特征。其共同点是：$E_{\theta_p} = E_{\theta_w} = 1$，即操作损失强度不管是 Pareto 分布，还是 Weibull 分布，$OpVaR(\alpha)$ 的尺度参数弹性都为单位弹性，与置信度 α 的变动无关，也就是尺度参数变动 1%，$OpVaR(\alpha)$ 始终变动 1%。但更重要的是其差异性问题，归纳起来有以下几点[158]：

从 $OpVaR(\alpha)$ 的形状参数弹性看：

第一，变化趋势不同。随 α 递增，E_{ξ_p} 递增，E_{ξ_w} 递减。

第二，正负不同。$E_{\xi_p} > 0$，$E_{\xi_w} < 0$，即随形状参数 ξ 递增，在 Pareto 分布下，$OpVaR(\alpha)_p$ 递增，在 Weibull 分布下 $OpVaR(\alpha)_w$ 递减。

第三，绝对值大小以及变化范围不同。当 $99\% \leqslant \alpha \leqslant 99.9\%$ 时，$75.8664 \leqslant E_{\xi_p} \leqslant 91.5009$，$-0.589 \leqslant E_{\xi_w} \leqslant -0.5465$，其区别很明显：

其一，E_{ξ_p} 与 E_{ξ_w} 的绝对值大小不同：

$$\frac{|E_{\xi_p}(99\%)|}{|E_{\xi_w}(99\%)|} = 138.8223$$

$$\frac{|E_{\xi_p}(99.9\%)|}{|E_{\xi_w}(99.9\%)|} = 155.3496$$

即在相同的 α 下，E_{ξ_p} 远大于 E_{ξ_w}。

其二，变化范围不同。$E_{\xi_p} \in [75.8664, 91.5009]$，而 $E_{\xi_w} \in [-0.589, -0.5465]$。

从以上对比可看出，随形状参数 ξ 的变动，$OpVaR(\alpha)_p$ 的灵敏度远大于 $OpVaR(\alpha)_w$ 的灵敏度。

从 $OpVaR(\alpha)$ 的频数参数 μ 弹性看：

第一，变化趋势不同。随 α 递增，E_{μ_p} 不变，E_{μ_w} 递减。

第二，绝对值大小以及变化范围不同。当 $99\% \leqslant \alpha \leqslant 99.9\%$ 时，$E_{\mu_p} = \xi_p = 6.79$，$0.0168 \leqslant E_{\mu_w} \leqslant 0.0203$，其区别明显有：

其一，绝对值大小不同：

$$\frac{|E_{\mu_p}(99\%)|}{|E_{\mu_w}(99\%)|} = 3.3448 \times 10^2$$

$$\frac{|E_{\mu_p}(99.9\%)|}{|E_{\mu_w}(99.9\%)|} = 4.0416 \times 10^2$$

即在相同的 α 下，E_{μ_p} 远大于 E_{μ_w}。

其二，变化范围不同：E_{μ_p} 不变，$E_{\mu_w} \in [0.0168, 0.0203]$。

从以上对比可看出，随 μ 的变动，$OpVaR(\alpha)_p$ 的灵敏度远大于 $OpVaR(\alpha)_w$ 的灵敏度。

综合上述分析，随形状参数和频数参数变动，在 Pareto 分布下 $OpVaR$ $(\alpha)_p$ 的灵敏度远大于在 Weibull 分布下 $OpVaR$ $(\alpha)_w$ 的灵敏度。因此，Pareto 分布为"资产管理/执行、交割及流程管理"的操作损失强度分布模型。在 Pareto 分布下操作风险管理系统的灵敏度远大于 Weibull 分布下操作风险管理系统的灵敏度。

5.4　本章小结

针对操作损失强度分布模型的选择问题，本章提出以操作风险管理系统灵敏度最大为标准，选择操作损失强度分布模型。并以损失强度分布分别为 Pareto 分布和 Weibull 分布为例，以仿真方法通过对比在这两类分布下操作风险价值相对于分布特征参数的灵敏度，得到使操作风险价值灵敏度最大的损失强度分布模型。

基于此，本章首先导出了操作损失强度在不同分布下的操作风险价值；通过不同分布下操作风险价值灵敏度的比较分析，发现在 Pareto 分布下 $OpVaR$ $(\alpha)_p$ 的灵敏度远大于在 Weibull 分布下 $OpVaR$ $(\alpha)_w$ 的灵敏度。这说明操作风险管理系统在 Pareto 分布下的灵敏度远大于在 Weibull 分布下的灵敏度，因此，选择 Pareto 分布作为"资产管理/执行、交割及流程管理"的操作损失强度分布模型，将使该产品线的操作风险管理系统灵敏度较大，由此可提高管理效率。

本章将损失强度分布模型的选择与操作风险管理效率结合起来，为损失强度分布模型的选择找到了新的方法，在理论上进一步完善了损失分布法在操作风险度量与管理中的应用。

6　结束语

6.1　总结与创新点

损失分布法是能较准确地反应金融机构内部操作风险特征的一种极具风险敏感性的高级计量法，是在业界获得广泛应用的主要方法。现有文献研究发现，损失强度分布具有显著的重尾性。在高置信度下度量重尾性操作风险，极值模型法是一种最佳方法。因此，本书将损失分布法和极值模型法结合起来，研究重尾性操作风险度量精度与管理问题。首先，本书从样本异质性和模型外推问题两个方面分析了重尾性操作风险度量偏差的影响因素，发现重尾性操作风险度量存在不可忽视的偏差；由此，本书以相关实证研究为基础，分别在两类极值模型（BMM 类模型和 GPD 类模型）中选择典型的重尾分布，即Weibull 分布和 Pareto 分布作为操作损失强度分布，在高置信度下，从理论上探讨了重尾性操作风险的度量精度及其灵敏度的问题，并进行了示例分析；进一步，为探寻度量模型与管理模型的连接参数，本书从操作风险度量的角度，研究了对操作风险的影响程度最大的分布特征参数，并进行了示例分析；最后，针对损失强度分布模型的选择问题，本书提出了一种新的选择方法。具体来讲，本书通过以上研究得到如下创新性结论：

（1）通过对重尾性操作风险度量偏差的影响因素的系统分析，发现操作风险度量存在不可忽视的偏差，且该偏差的存在具有客观性。影响操作风险度量偏差的因素主要有两个方面：第一方面，样本异质性的影响。由于损失分布法是以操作损失样本为基础来度量操作风险的，损失样本本身的状况对操作风险度量结果起着决定性影响。因重尾性操作风险的损失样本量少，这将导致高置信度下操作风险价值估计偏差显著增大。即使存在大量内部损失样本，仅以内部损失样本来度量操作风险，也会导致低估操作风险；若以内外部损失样本合成的共享数据库来度量操作风险，又存在着样本异质性问题。为此，本书从损失样本的门槛和样本同质性转换两方面对数据共享问题进行探讨：首先，系统分析了在样本存在门槛的条件下损失强度分布的问题，发现在样本来源不同的情况下，损失强度分布有很大差异，该差异将导致度量偏差；其次，样本同质性转换很难彻底解决不同来源损失样本的异质性问题。因此，样本异质性问题必然导致度量偏差。第二方面，重尾性操作损失强度分布模型存在外推问题。由于重尾性操作损失样本量稀少，这将导致在高置信度下度量操作风险价值时，存在分布模型外推问题，这必然使度量结果产生不确定性。综合以上两方面的分析，损失样本异质性和分布模型外推问题，是由高置信度下重尾性操作风险的度量特征决定的，因此，重尾性操作风险度量偏差的存在具有必然性。

（2）基于重尾性操作风险的度量结果客观上存在偏差，本书进一步假设操作损失强度为 Weibull 分布和 Pareto 分布，以弹性分析方法，探讨了重尾性操作风险的度量精度及其灵敏度的问题。在损失分布法下，操作风险是以操作风险价值为度量结果的，因此，操作风险价值的置信区间长度表示操作风险的度量精度。通过对该度量精度及其灵敏度的系统研究，得出如下结论：

①操作风险度量精度灵敏度的变动仅与形状参数和频数参数有关。以弹性分析方法，对不确定性传递系数灵敏度及其变动的理论进行研究后发现，引起不确定性传递系数灵敏度变动的参数仅为形状参数和频数参数，与尺度参数无关。这表明在其他条件不变的情况下，重尾性操作风险度量精度灵敏度的变动仅与形状参数和频数参数有关。由极值理论可知，形状参数的大小表明了损失强度分布的尾部厚度和拖尾长度，表明了来自操作损失强度分布的影响；损失频数参数表明了来自损失频数分布的影响。因此，通过分析形状参数和频数参数的变动情况，即可得知损失强度分布和损失频数分布变化对度量精度的影响。

②根据本书建立的理论命题，可判别操作风险度量精度的关键特征参数，即可知引起度量精度变动的关键分布是损失强度分布还是损失频数分布。操作风险度量精度随分布特征参数变动而变动，且具有规律性。根据命题（3-1）~（3-6）所构成的理论模型，可判定重尾性操作风险度量精度的关键影响参数，从而可知引起度量精度变动程度最大的分布是损失强度分布还是损失频数分布。因此，根据未来损失分布可能的变化，可预测度量精度的变动趋势。

③上述理论模型的示例分析，表明形状参数是影响操作风险度量精度的关键参数，且存在一般性规律：在 Pareto 分布下随形状参数递增（或在 Weibull 分布下随形状参数递减），操作风险价值置信区间长度以递增速度递增，即度量精度以递增速度递减。即在示例分析中，形状参数成为影响操作风险度量精度的关键参数。

（3）相关实证研究表明不同的操作风险管理措施所影响的操作损失分布不同，操作风险管理本质上是对损失分布进行管理，即是对损失分布特征参数进行管理。若能够从度量的角度判别出对操作风险影响程度最大的特征参数并作为关键管理参数，便能使操作风险度量为其管理提供依据，而管理的效果又能通过度量结果来进行检验。由此可将度量模型与管理模型联系在一起，从而为两模型的整合建立基础。基于此，本书以相关实证研究为基础，在极值模型中选择典型的重尾分布，即 Weibull 分布和 Pareto 分布作为操作损失强度假设，从操作风险度量的角度探讨其关键管理参数，并得出如下结论：

①操作风险价值的关键影响参数的变动存在一定规律性，基于此，本书建立了操作风险关键管理参数的判别模型，示例分析验证了该模型的有效性。

②以操作风险关键参数的判别模型为基础，可建立操作风险动态管理系统。首先，以该理论模型判别出操作风险的关键管理参数，并针对该关键影响参数制定管理措施。其次，待该管理措施实施一定时间后，以该理论模型检验管理措施的有效性。然后，分析该模型输出结果，并修订管理措施。若管理措施无效，则应分析原因，重新修订措施；如管理措施有效，则应分析是否达到目的，分析偏差来源，并调整措施力度。最后，将修订后的措施再输入管理系统。如此反复，形成一个连续的反馈系统，对操作风险进行动态管理和动态监测，从而有效遏制操作风险的发生。

③以该关键管理参数为制定管理措施的依据，可将度量模型与管理模型联系起来，使两模型的整合成为可能，从而使操作风险管理框架成为一个完整的有机体系，提高管理效率。

（4）将第三章和第四章研究结论结合起来，可得出具有现实意义的政策建议。

根据第三章和第四章理论模型可知，随分布特征参数的变化，不仅操作风险价值发生变化，而且其度量精度也将随之发生变化。由示例分析可知：在高置信度 α 下，随形状参数变化（在 Pareto 分布下随形状参数递增，或在 Weibull 分布下随形状参数递减），一方面操作风险监管资本以递增速度递增，而另一方面监管资本度量精度以递增速度递减。也就是说操作风险越大，操作风险度量精度越差。在操作风险度量精度随操作风险大小而变动的情况下，以置信度 $\alpha = 99.9\%$ 时的操作风险价值 $OpVaR(99.9\%)$ 的点估计值来作为监管资本的提取方式，就可能存在不合理性。因此，建议将监管资本提取方式改进为：在监管资本置信区间的下限提取监管资本，从置信下限到置信上限，配置以无风险资产。由此可同时考虑监管资本与其相应度量精度的变化，监管资本越大，其度量精度越差，因而可给出一个更大的监管资本控制范围。这样可使操作风险的监管更加合理，使被监管机构在资本配置上具有一定灵活性。

（5）针对操作损失强度分布的选择问题，本章提出以操作风险管理系统灵敏度最大为标准选择操作损失强度分布模型，从而使损失强度分布模型的选择与操作风险管理效率结合起来，为损失强度分布模型的选择找到了新的方法，在理论上进一步完善了损失分布法在操作风险度量与管理中的应用。

6.2 研究展望

本书尽管对重尾性操作风险的度量精度与管理问题进行了较充分研究（在本书框架下是充分的），但仍然存在尚待深入展开的问题：

（1）第二章仅以目前文献为基础，对影响重尾性操作风险度量偏差的因素进行归纳。实际上，重尾性操作风险度量偏差的影响因素很复杂，目前业界和理论界还在不断研究，因此，该研究将随着实践和理论研究的深入不断得到完善；另外，针对某一影响因素，影响程度到底有多大，这是一个有待进一步深入研究的具体问题。

（2）本书仅研究了不确定性传递系数变动对度量精度的影响，实际上，不仅形状参数、尺度参数以及频数参数的标准差变动将影响操作风险度量精度，而且三个特征参数间的相关性也将影响度量精度。这些因素怎样影响度量精度，考虑这些因素后本书结论该有怎样的修正，是值得深入探讨的问题。

（3）在操作风险关键管理参数判别模型基础上，怎样建立模型将操作风险度量模型和管理模型整合在一个模型中，并进一步建立操作风险的动态管理系统，是一个有待进一步展开的问题。

（4）对于损失强度分布模型的选择问题，本书仅以仿真方法进行了分析，能否以及怎样从理论上进行探讨有待进一步研究。在实践中，从操作风险管理系统灵敏度的角度与从拟合优度角度选择损失强度分布模型，可能会使度量结果产生差异，此时该如何进行抉择，这些问题都是值得深入探讨的。

（5）本书仅在极值模型中，选择了两种典型重尾性分布来进行研究。由于随着操作风险状况的不断变化，损失强度分布模型可能从一种分布变为另一种分布，因此，在某种意义上说，本书的研究仅是一种对重尾性操作风险的度量精度与管理的示例性研究，不是很全面。因此，能否归纳出具有一般性的重尾分布模型，对重尾性操作风险的度量精度与管理问题进行一般性研究，将更加具有理论意义和现实意义。

参考文献

［1］ Power M. The Invention of Operational Risk［J］. The University of New South Wales, 2003（2）: 3-4.

［2］ 顾京圃. 中国商业银行操作风险管理［M］. 北京: 中国金融出版社, 2006.

［3］ Basel Committee on Banking Supervision. International Convergence of Capital Measurement and Capital Standards: A Revised Framework［S］. Basel: Bank for International Settlements, 2004: 6.

［4］ Shih J, Samad-Khan A H, Medapa P. Is the Size of an Operational Loss Related to Firm Size?［J］. Operational Risk, 2000, 2（1）: 21-22.

［5］ Bühlmann H. Mathematical Methods in Risk Theory［M］. Heidelberg: Springer-Verlag, 1970.

［6］ Basel Committee on Banking Supervision. Operational Risk［R］. Basel: Bank for International Settlements, 2001.

［7］ Jorion P. Value at Risk［M］. New York: McGraw-Hill, 2001.

［8］ Frachot A, Georges P, Roncalliy T. Loss Distribution Approach for Operational Risk［J］.（2001-04-25）［2016-01-02］. http://papers.ssrn.com.

［9］ Federal Reserve System, Office of the Comptroller of the Currency, Office of Thrift Supervision and Federal Deposit Insurance Corporation. Results of the 2004 Loss Data Collection Exercise for Operational Risk［Z］.［S. l.: s. n.］, 2005.

［10］ 麦克尔·哈本斯克, 劳埃德·哈丁. 损失分布方法［M］. 陈林龙, 等,

译//亚历山大. 商业银行操作风险. 北京：中国金融出版社，2005：181-206.

[11] 麦克尔·哈本斯克. 操作风险管理框架[M]. 陈林龙，等，译//亚历山大. 商业银行操作风险. 北京：中国金融出版社，2005：257-278.

[12] 安森尼·帕什. 运用模型管理操作风险[M]. 陈林龙，等，译//亚历山大. 商业银行操作风险. 北京：中国金融出版社，2005：279-304.

[13] Frachot A, Roncalli T. Mixing Internal and External Data for Managing Operational Risk[R]. [S. l.]: Credit Lyonnais, 2002.

[14] Baud N, Frachot A, Roncalli T. Internal Data, External Data and Consortium Data for Operational Risk Measurement: How to Pool Data Properly?[R]. [S. l.]: Credit Lyonnais, 2002.

[15] Baud N, Frachot A, Roncalli T. How to Avoid Over-estimating Capital Charge for Operational Risk?[R]. [S. l.: s. n.], 2003.

[16] Frachot A, Roncalli T, Salomon E. The Correlation Problem in Operational Risk[R]. [S. l.]: Credit Lyonnais, 2004.

[17] Frachot A, Moudoulaud O, Roncalli T. Loss Distribution Approach in Pratice, in Micheal Ong, The Basel Handbook: A Guide for Financial Practitioners[M]. [S. l.: s. n.], 2007: 503-565.

[18] Aue F, Kalkbrener M. LDA at Work[R]. [S. l.: s. n.], 2007.

[19] Hartung T. Operational Risks: Modelling and Quantifying the Impact of Insurance Solutions[R]. Munich: Ludwig-Maximilians-University Munich, 2004.

[20] Na H S. Analysing and Scaling Operational Risk[D]. Rotterdam: Erasmus University Rotterdam, 2004.

[21] Na H S, Miranda L C, van den Berg J, Leipoldt M. Data Scaling for Operational Risk Modelling[C]. [S. l.: s. n.], 2005.

[22] Na H S, Van Den Berg J, Miranda L C, Leipoldt M. An Econometric Model to Scale Operational Losses[J]. Operational Risk, 2006, 1 (2): 11-31.

[23] Kalhoff A, Marcus H. Operational Risk-Management Based on the Current Loss Data Situation, Operational Risk Modelling and Analysis[M]. [S. l.: s. n.], 2004.

［24］ 史道济. 实用极值统计方法［M］. 天津：天津科学技术出版社，2006.

［25］ Bortkiewicz L Von. Variationsbreite und mittlerer Fehler［J］. Berlin Math. Ges. Sitzungsber, 1921, 21：3-11.

［26］ Mises R von. Uber die Variationsbreite einer Beobachtungsreihe［J］. Berlin Math. Ges. Sitzungsber, 1923, 22：3-8.

［27］ Dodd E L. The Greatest and Least Variate Under General Laws of Error ［J］. Trans. Amer. Math. Soc, 1923, 25：525-539.

［28］ Tippett L H C. On the Ectreme Individuals and the Range of Samples Taken From a Normal Population［J］. Biometrika, 1925, 17：364-387.

［29］ Frechet M. Sur la loi de probabilité de l'écart maximum［J］. Ann. Soc. Polon. Math. Cracovie, 1927, 6：93-116.

［30］ Fisher R A, Tippett L H C. Limiting Forms of the Frequency Distributions of the Largest of Smallest Member of a Sample［J］. Proc. Camb. Phil. Soc, 1928, 24：180-190.

［31］ Mises R von. La distribution de la plus grande de n valeurs［J］. Rev. Math. Union Interbalk, 1936, 1：141-160.

［32］ Gnedenko B. Sur la distribution limite du terme d'une série alèatoire［J］. Ann. Math., 1943, 44：423-453.

［33］ Hann L D. On Regular Variation and its Application to the Weak Convergence of Sample Extremes［J］. Mathematical Centre Tracts, 1970, 32.

［34］ Hann L D. A Form of Regular Variation and its Application to the Domain of Attraction of the Double Exponential［J］. Z. Wahrsch. Geb, 1971, 17：241-258.

［35］ Gumbel E J. Statistics of Extremes［M］. New York：Columbia University Press, 1958.

［36］ David H A. Order Statistics［M］. 2nd edition. New York：Wiley, 1981.

［37］ Barry C Arnold, Balakrishnan N, Nagaraja H N. A First Course in Order Statistics［M］. New York：Wiley, 1992.

［38］ Leadbetter M R, Lindgren G, Rootzen H. Extremes and Related Properties of Random Sequences and Processes［M］. New York：Springer-Verlag, 1983.

［39］Galambos J. The Asymptotic Theory of Extreme Order Statistics［M］. 2nd edition. Florida：Krieger，1987.

［40］Resnick S I. Extreme Values，Regular Variation and Point Processes ［M］. New York：Springer－Verlag，1987.

［41］Reiss R－D. Approximate Distributions of Order Statistics：With Applications to Nonparametric Statistics［M］. New York：Springer－Verlag，1989.

［42］Beirlant J，Vynckier P，Teugels J L P. Practical Analysis of Extreme Values［M］. Leuven：leuven University Press，1996.

［43］Kotz S，Nadarajah S. Extreme Value Distributions：Theory and Applications［M］. London：Imperial College Press，2000.

［44］Reiss R－D，Thomas M. Statistical Analysis of Extreme Value with Applications to Insurance，Finance，Hydrology and other Fields［M］. Berlin：Birkhauser，2001.

［45］Coles S. An Introduction to Statistical Modeling of Extreme Values［M］. London：Springer，2001.

［46］Pickands J. Statistical Inference Using Extreme Order－statistics［M］. ［S. l.］：Ann. Statist，1975.

［47］Davison S. A Review of Adhesives and Consolidants Used on Glass Antiquities，In Adhesives and Consolidants［M］. London：International Institute for the Conservation of Historic and Artistic Works，1984：191－94.

［48］Smith R L. Threshold Methods for Sample Extremes［J］. Statistical Extremes and Applications，1984：621－638.

［49］Smith R L. Maximum Likelihood Estimation in a Class of Non－regular Cases［J］. Biometrika，1985，72：67－90.

［50］Van Montfort M A J，Witter J V. Testing Exponentiality Against Generalized Pareto Distributions［J］. J. Hydrol，1985，78（3/4）：305－315.

［51］Weibull W. A Statistical Theory of Strength of Materials［C］. ［S. l.：s. n.］，1939：151.

［52］Weibull W. A Statistical Distribution of Wide Applicability［J］. J. Appl.

Mechanics, 1951, 18: 293-297.

[53] Kinnison R. Applied Extreme Value Statistics [M]. [S. l.]: Battelle Press, 1985.

[54] Castillo E. Extreme Value Theory in Engineering [M]. San Diego: Academic Press, 1988.

[55] Embrechts P, Klüppelberg C, Mikosch T. Modelling Extremal Events for Insurance and Finance [M]. Berlin: Springer, 1997: 705-729.

[56] Finkelstadt B, Rootzen H. Extreme Values in Finance, Telecommunications, and the Environment Boca Raton [M]. Florida: Chapman & Hall/CRC press, 2003.

[57] Beirlant J, Goegebeur Y, Segers J, et al. Statistics of Extremes: Theory and Applications [M]. New York: John Wiley & Sons, 2004.

[58] Dupuis D J. Exceedanecs over High Thresholds: a Guide to Threshold Selection [J]. Extreme, 1998, 3 (1): 251-261.

[59] Beirlant J, Vynckier P, Teugels J L. Tail Index Estimation, Pareto Quantile Plots, and Regression Diagnostics [J]. J. Amer. Statist. Assoc, 1996, 91: 1659 -1667.

[60] Beirlant J, Dierckx G, Guillou A, et al. On Exponential Representations of Log-spacings of Extreme Order Statistics [J]. Extremes, 2002, 5: 157-180.

[61] Danielsson J, de Haan L, Peng L, et al. Using Bootstrap Method to Choose the Sample Fraction in Tail Index Estimation [J]. Journal of Multivariate Analysis, 2001, 76: 226-248.

[62] Guillou A, Hall P. A Diagnostic for Selecting the Threshold in Extreme Value Analysis [J]. J. Roy. Statist. Soc: Ser. B, 2001, 63: 293-305.

[63] Ferreira A. Optimal Asymptotic Estimation of Small Exceedance Probabilities [J]. J. Statist. Plann. Inference, 2002, 53: 83-102.

[64] Matthys G, Beirlant J. Estimating the Extreme Value Index and High Quantiles with Exponential Regression models [J]. Statistica sinica, 2003, 13 (3): 853-880.

［65］ Resnick S, Stărică C. Smoothing the Moment Estimator of the Extreme Value. Parameter［J］. Extremes, 1999, 1 (3): 263-293.

［66］ Huisman R, Koedijk K G, Kool C J M, et al. Tail-index Estimates in Small Sample［J］. Journal of Business & Economic Statistics, 2001, 19 (1): 208-216.

［67］ Groeneboom P, Lopuhaa H P, de Wolf P. Kernel-type Estimators for the Extreme Value Index［J］. Ann. Statist, 2003, 31 (6): 1956-1995.

［68］ Brazauskas V, Serfling R. Favorable Estimators for Fitting Pareto Models: A study Using Goodness-of-fit Measures with Actual Data［J］. ASTIN Bulletin, 2003, 33 (2): 365-381.

［69］ Aban I B, Meerschaert M. Generalized Least Squares Estimators for the Thickness of Heavy Tails［J］. J. Stat. Plan. Inference , 2004, 119 (2): 341-352.

［70］ De Haan L, Rootzén H. On the Estimation of High Quantiles［J］. J. Statist. Plann. Inference, 1993, 35: 1-13.

［71］ Danielsson J, de Vries C. Tail Index and Quantile Estimation with Very High Frequency Data［J］. J. Empir. Finance, 1997, 4: 241-257.

［72］ Danielsson J, de Vries C G. Beyond the Sample: Extreme Quantile and Probability Estimation［R］. ［S. l.］: Tinbergen Institute Discussion Paper, 1998.

［73］ Bermudez P D Z, Turkman M A, Turkman K F. A Predictive Approach to Tail Probability, Estimation［J］. Extremes, 2001, 4 (4): 295-314.

［74］ Ferreira A, de Haan L, Péng L. On Optimizing the Estimation of High Quantiles of a Probability Distribution［J］. Statistics, 2003, 37 (5): 401-434.

［75］ McNeil A J. Estimating the Tails of Loss Severity Distributions Using Extreme Value Theory［J］. Astin Bulletin, 1997, 27 (1): 117-137.

［76］ McNeil A J, Frey R. Estimation of Tail-Related Risk Measures for Heteroscedastic Financial Time Series: An Extreme Value Approach［J］. Journal of Empirical Finance, 2000, 7: 271-300.

［77］ McNeil A J, Saladin T. Developing Scenarios for Future Extreme Losses Using the POT Method［M］//Embrechts. Extremes and Integrated Risk Management.

London: Risk Books, 2000.

[78] Longin F M. From Value At Risk To Stress Testing: The Extreme Value Approach[J]. Journal of Banking and Finance, 2000 (24): 1097-1130.

[79] Smith R S. Measuring Risk with Extreme Value Theory [M] //Embrechts. Extremes and Integrated Risk Management. London: Risk Book, 2000: 19-35.

[80] Bali T. An Extreme Value Approach to Estimating Volatility and Value at Risk[J]. Journal of Business, 2003, 76 (1): 83-108.

[81] Choulakian V, Stephens M A. Goodness-of-fit Tests for the Generalized Pareto Distribution[J]. Technometrics, 2001, 43 (4): 478-484.

[82] Dietrich D, De Hann L. Testing Extreme Value Conditions [J]. Extremes, 2002, 5 (1): 71-85.

[83] King J L. Operational Risk, Measurement and Modelling[M]. New York: Wiley & Sons, 2001.

[84] Clemente A D, Romano C. A Copula-Extreme Value Theory Approach for Modelling Operational Risk[R]. [S. l.:s. n.], 2003.

[85] Embrechts P, Furrer H, Kaufmann R. Quantifying Regulatory Capital for Operational Risk[R/OL]. (2003-01-01) [2016-01-01]. http://www.gloriamundi.org/picsresources/pesrgs.pdf.

[86] Patrick F, Dejesus-Rueff V, J Jordan, et al. Capital and Risk: New Evidence on Implications of Large Operational Losses[R]. Boston: Federal Reserve Bank of Boston, 2003.

[87] Cruz M G. Operational Risk Modelling and Analysis: Theory and Practice [M]. London: Risk Waters Group, 2004.

[88] Mignola G, Ugoccioni R. Tests of Extreme Value Theory Applied to Operational Risk Data[R/OL]. (2005-09-01) [2015-11-07]. http://www.gloriamundi.org/picsresources/gmru.pdf.

[89] De Fontnouvelle P, Rosengren E. Implications of Alternative Operational Risk Modeling Techniques[R]. Boston: Federal Reserve Bank of Boston, 2004.

［90］Moscadelli M. The Modelling of Operational Risk：Experience with the A-nalysis of the Data Collected by the Basel Committee［R］. Roma：Banca D'Italia, 2004.

［91］Dutta K，Perry J. A Tale of Tails：an Empirical Analysis of Loss Distribu-tion Models for Estimating Operational Risk Capital［R］. Boston：Federal Reserve Bank of Boston，2006：6－13.

［92］Chavez-Demoulin V，Embrechts P，Neslehova J. Quantitative Models for Operational Risk：Extremes，Dependence and Aggregation［J］. Journal of Banking & Finance，2006，30（10）：2635－2658.

［93］Allen L，Bali T G. Cyclicality in Catastrophic and Operational Risk Meas-urements［J］. Journal of Banking & Finance，2007，31（4）：1191－1235.

［94］Dionne G，Dahen H. What about Underevaluating Operational Value at Risk in the Banking Sector?［C］. ［S. l.：s. n.］，2008.

［95］Chapelle A，Crama Y，Hübner G，et al. Practical Methods for Measuring and Managing Operational Risk in the Financial Sector：A Clinical Study［J］. Journal of Banking & Finance，2008，32（6）：1049－1061.

［96］田玲，蔡秋杰. 中国商业银行操作风险度量模型的选择与应用［J］.中国软科学，2003（8）：38－42.

［97］陈学华，杨辉耀，黄向阳. POT模型在商业银行操作风险度量中的应用［J］.管理科学，2003（1）：49－52.

［98］樊欣，杨晓光. 从媒体报道看我国商业银行操作风险状况［J］.管理评论，2003，15（11）：43－47.

［99］樊欣，杨晓光. 我国银行业操作风险的蒙特卡罗模拟估计［J］.系统工程理论与实践，2005（5）：12－18.

［100］唐国储，刘京军. 损失分布模型在操作风险中的应用分析［J］.金融论坛，2005（9）：22－26.

［101］杨旭. 多变量极值理论在银行操作风险度量中的运用［J］.数学的实践与认识，2006（12）：22－26.

［102］周好文，杨旭，聂磊. 银行操作风险度量的实证分析［J］.统计研究，

2006（6）：47-51.

［103］张文，张屹山. 应用极值理论度量商业银行操作风险的实证研究[J]. 南方金融，2007（2）：12-14.

［104］高丽君，李建平，徐伟宣，等. 基于 HKKP 估计的商业银行操作风险估计[J]. 系统工程，2006（6）：58-63.

［105］高丽君，李建平，徐伟宣，陈建明. 基于 POT 方法的商业银行操作风险极端值估计[J]. 运筹与管理，2007（2）：112-117.

［106］姚朝. 损失分布法对我国银行业操作风险资本计量的实证分析[J]. 华北金融，2008（5）：23-25.

［107］Basel Committee on Banking Supervision. Operational Risk Management[R]. Basel：Risk Management Sub-group of the Basle Committee on Banking Supervision，1998.

［108］The Basel Committee on Banking Supervision. Third consultative paper（CP3）on the New Basel Capital Accord[R]. Basel：Bank for International Settlements，2003.

［109］中国银行业监督管理委员会. 操作风险管理与监管的稳健做法[EB/OL]. （2003-02）[2015-12-01]. www.cbrc.gov.cn.

［110］Financial Services Authority. CP142[R]. [S. l.]：Financial services Authority，2002.

［111］罗兰德·肯奈特. 如何建立有效的操作风险管理框架[M]. 李雪莲，万志宏，译//Robert Hübner，等. 金融风险管理译丛——金融机构操作风险新论. 天津：南开大学出版社，2005：101-133.

［112］Alexander C. Bayesian Methods for Measuring Operational Risk[R]. Reading：Henley Business School，2000.

［113］Mashall C. Measuring and Managing Operational Risks in Financial Institution[M]. New York：Wiley & Sons，2001.

［114］Hoffman D. Managing Operational Risk：20 Firmwide Best Practice Strategies[M]. New York：Wiley & Sons，2002.

［115］卡罗尔·亚历山大. 运用贝叶斯网络管理操作风险[M]. 陈林龙，

等，译//卡罗尔·亚历山大. 商业银行操作风险. 北京：中国金融出版社，2005：305-316.

[116] Ramamurthy S, Arora H, Ghosh A. Operational Risk and Probabilistic Networks-an Application to Corporate Actions Processing[R/OL]. （2005-07）[2015-12-14]. http://www.hugin.com/cases/Finance/Infosys/oprisk.

[117] Cowell R G, Verrall R J, Yoon Y K. Modelling Operational Risk With Beyesian Networks[J]. Journal of Risk and Insurance, 2007, 74（4）：795-827.

[118] Yasuda Y. Application of Bayesian Inference to Operational Risk Management[D]. Tsukuba：Finance University of Tsukuba, 2003.

[119] Neil M, Fenton N E, Tailor M. Using Bayesian Networks to Model Expected and Unexpected Operational Losses[J]. Risk Analysis, 2005, 25（4）：1539-6924.

[120] Adusei-Poku K. Operational Risk Management-Implementing a Bayesian Network for Foreign Exchange and Money Market Settlement[D]. [S. l.]：Faculty of Economics and Business Administration of the University of Gäottingen, 2005.

[121] Dalla Valle L, Giudicib P. A Bayesian Approach to Estimate the Marginal Loss Distributions in Operational Risk Management[J]. Computational Statistics & Data Analysis, 2008, 52（6）：3107-3127.

[122] 中国银行业监督管理委员会. 关于加大防范操作风险工作力度的通知[EB/OL]. （2005-03-22）[2015-12-10]. http://www.cbrc.gov.cn.

[123] 中国银行业监督管理委员会. 商业银行操作风险管理指引[EB/OL]. （2007-05-14）[2015-12-10]. http://www.cbrc.gov.cn.

[124] 中国银行业监督管理委员会. 中国银监会关于印发《中国银行业实施新资本协议指导意见》的通知[EB/OL]. （2007-02-28） [2015-12-12]. http://www.cbrc.gov.cn.

[125] 沈沛龙，任若恩. 新的资本充足率框架与我国商业银行风险管理[J]. 金融研究, 2001（2）：80-87.

[126] 巴曙松. 巴塞尔新资本协议研究[M]. 北京：中国金融出版社，2003.

[127] 王廷科. 商业银行引入操作风险管理的意义与策略分析[J]. 中国金融, 2003 (13): 23-25.

[128] 乔立新, 袁爱玲, 冯英浚. 建立网络银行操作风险内部控制系统的策略[J]. 商业研究, 2003 (8): 128-131.

[129] 钟伟, 王元. 略论新巴塞尔协议的操作风险管理框架[J]. 国际金融研究, 2004 (4): 44-51.

[130] 刘超. 基于作业的商业银行操作风险管理框架: 实践者的视角[J]. 金融论坛, 2005 (5): 20-25.

[131] 厉吉斌. 商业银行操作风险管理构架体系[J]. 上海金融, 2006 (5): 37-39.

[132] 厉吉斌, 欧阳令南. 商业银行操作风险管理价值的理论与应用[J]. 求索, 2006 (12): 12-14.

[133] 张新福, 原永中. 商业银行操作风险管理体系建设研究[J]. 山西财经大学学报, 2007, 29 (7): 91-95.

[134] 周效东, 汤书昆. 金融风险新领域: 操作风险度量与管理研究[J]. 中国软科学, 2003 (12): 38-42.

[135] 张吉光. 防范商业银行操作风险探析[J]. 济南金融, 2005 (7): 35-40.

[136] 阎庆民, 蔡红艳. 商业银行操作风险管理框架评价研究[J]. 金融研究, 2006 (6): 61-70.

[137] 薛敏. 新巴塞尔协议对建立我国商业银行操作风险量化管理模型的启示[J]. 西南金融, 2007 (6): 20-21.

[138] 邓超, 黄波. 贝叶斯网络模型在商业银行操作风险管理中的应用[J]. 统计与决策, 2007 (4): 93-95.

[139] 薄纯林, 王宗军. 基于贝叶斯网络的商业银行操作风险管理[J]. 金融理论与实践, 2008 (1): 44-46.

[140] 刘家鹏, 詹原瑞, 刘睿. 基于贝叶斯网络的银行操作风险管理系统[J]. 计算机工程, 2008, 34 (18): 266-271.

[141] 莫建明, 周宗放. LDA 下操作风险价值的置信区间估计及敏感性

［J］. 系统工程，2007，25（10）：33-39.

［142］谌利，莫建明. 损失分布法下操作风险度量的不确定性［J］. 企业经济，2008（6）：130-132.

［143］Jack L King. Operational Risk：Measurement and Modelling［M］. New York：John Wiley & Sons，2001.

［144］中华人民共和国国家质量技术监督局. 测量不确定度评定与表示：JJF1059-1999［S］. 北京：中国计量出版社，1999.

［145］Bocker K，KlÄuppelberg C. Operational VaR：a Closed-Form Approximation［J］. Risk of London，2005，18（12）：90-93.

［146］Bocker K，Sprittulla J. Operational VAR：Meaningful Means［J］. Risk of London，2006，19（12）：96-98.

［147］Bocker K. Operational Risk Analytical Results when High-severity Losses Follow a Generalized Pareto Distribution（GPD）［J］. Risk of London，2006，8（4）：117-120.

［148］欧阳资生. 极值估计在金融保险中的应用［M］. 北京：中国经济出版社，2006.

［149］Kupiec P. Techniques for Verifying the Accuracy of Risk Measurement Models［J］. Journal of Derivatives，1995，3：73-84.

［150］王春峰. 金融市场风险管理［M］. 天津：天津大学出版社，2003：328-347.

［151］Dowd K. Beyond Value at Risk［M］. New York：Wiley & Sons，1998.

［152］莫建明，周宗放，郑卉. 操作风险价值置信区间长度的关键影响参数［C］//佚名. 第五届风险管理国际研讨会暨第六届金融系统工程国际研讨会论文集.［出版地不详：出版者不详］，2008：368-375.

［153］Mignola G，Ugoccioni R. Sources of Uncertainty in Modelling Operational Risk Losses［J］. The Journal of Operational Risk，2006，1（2）：33-50.

［154］莫建明，周宗放. 操作风险价值及其置信区间灵敏度的仿真分析［C］//佚名. 第六届中国管理科学与工程论坛论文集.［出版地不详：出版者不详］，2008：313-317.

［155］茆诗松，等. 统计手册［M］. 北京：科学出版社，2006.

［156］莫建明，周宗放. 重尾性操作风险监控参数识别［J］. 系统工程，2008，26（8）：65-71.

［157］Basel Committee on Banking Supervision，Risk Management Group. The Quantitative Impact Study for Operational Risk：Overview of Individual Loss Data and Lessons Learned［Z］.［S. l.：s. n.］，2002.

［158］Jian-ming MO，Zong-fang ZHOU. Optimal Selection of Loss Severity Distribution Based on LDA［C］//Anonymous. The 4th International Conference on Networked Computing and Advanced Information Management（NCM2008）.［S. l.：s. n.］，2008：570-574.